# 少了你的餐桌

川本三郎 著

張秋明 譯

# 目次

## 輯一

## 輯二

## 輯三

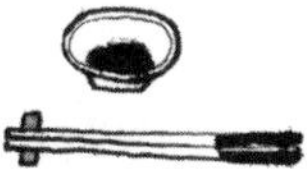

# 輯一

所有用蛋做的菜我都愛吃，其中我最愛的，是不好大聲張揚的蛋包飯。

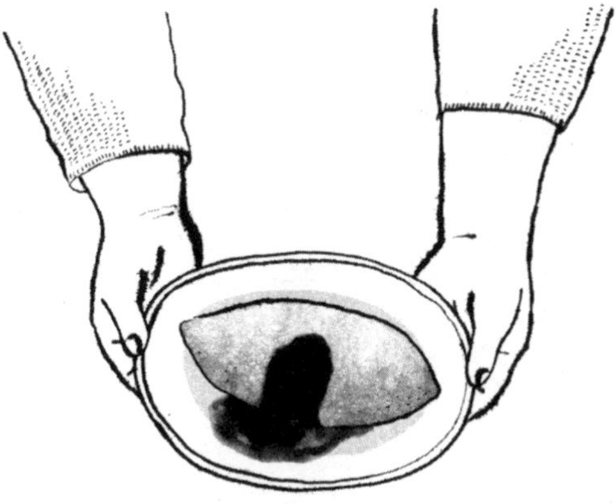

# 母親的蛋包飯

以前流行過「巨人[1]、大鵬[2]、煎蛋卷」這個詞，用來揶揄小孩子喜愛的事物。最早或許是出自反巨人隊球迷之口吧。

我雖然是反巨人隊（的阪神隊球迷），卻也喜歡大鵬，尤其更愛煎蛋卷。不只是煎蛋卷，所有用蛋做出來的菜我都愛吃，直到今天依然如此。不管是荷包蛋、炒蛋，還是生蛋拌飯都好，不太喜歡的頂多就是風雅的蛋皮絲。其中我最愛的，則是不好大聲張揚的蛋包飯。

不好大聲張揚當然是因為蛋包飯一向被認為是小孩子的食物，不適合大男人吃。一個大男人在西餐廳點蛋包飯是需要勇氣的，就跟點兒童餐一樣。

然而這世上還是有愛吃蛋包飯的男人。田邊聖子有一篇名為〈喜歡蛋包飯嗎？〉的短篇小說，寫的是一個背著妻子偷偷在廚房做蛋包飯的男人。之所以「背地裡偷偷摸摸」，當然也是基於「大男人吃蛋包飯很丟臉」這個社會常識的前提而有的情境。

儘管如此，池波正太郎還是在散文集《小說的散步道》中寫到：「蛋包飯——該如何形容，這就是日本人的美食吧……」，尤其旅行時在名不見經傳的餐廳吃到的總是美味可口。「啊，好想為了吃蛋包飯而去旅行啊！」

我能理解那種身為蛋包飯迷的心情。

小學四年級時，我成了問題兒童。不過畢竟是發生在昭和二〇年代，我想比起現在的問題兒童還算乖巧許多吧。總之我反抗老師、欺負女生、和鄰校的小學生打架，以當時而言算是嚴重的問題兒童，搞得同學的母親都跑來向我母親強烈抱怨，甚至一度鬧到讓老師們一起召開「川本同學問題檢討會」，把我母親也叫來一起開會。

或許那是我最早的叛逆期也說不定。一方面是因為和四年級新接任的男導師處不來。不知道為什麼，他老是找我麻煩。

我尤其記得某次全校性的「說故事大會」。各年級學生在禮堂裡集合，由被選派的三、四名學生上台說故事。那天一早，老師指名要我上台。

突然被要求說故事，一時之間怎麼可能想出好題材。眼見一個、兩個……被選派的學生輪流在大家面前說故事，各個都說得生動有趣。事後我才知道，他們都是事先就被告知要參加「說故事大會」，所以可以先從童話書中預習內容。

導師卻什麼都沒說就臨時指定我上台，擺明是要整我。

還好那天排在我前面的學生上台時，說故事時間就結束了。我雖然躲過了丟臉出糗，卻也在心中燃起對導師的怒火。

怒火越燒越烈，不知不覺間就成了問題兒童。

我也從那時候起開始喜歡電影。

尤其喜歡西部片和古裝片（武打片）。西部片在阿佐谷的戲院就能看到，但要是想看武打片，像是中村錦之助和東千代之介等人主演、當時備受小孩子喜愛的電影，就非得到隔壁高圓寺的戲院才行。

儘管學校明令禁止學生單獨進戲院，我仍視若無睹地走進高圓寺的戲院。

那是一個寒冷的冬日，大概是周六吧，高圓寺的戲院上映了我很想看的電影。放學回家後一丟下書包，就從母親的錢包裡拿了錢直奔高圓寺。

看完連續放映的兩部片後走出戲院，外頭已是黑夜，華燈初上的街頭變得好陌生。小孩子心中認知的白天城鎮，一到晚上就完全變了樣。看電影時歡樂的心情瞬間消失殆盡，偷拿母親的錢看電影的罪惡感變得越來越沉重。

穿過小酒館林立的街道，循著陰暗的夜路回到家時，哥哥姊姊們早已經吃過晚餐。

被母親斥責後，我臭著一張臉坐在餐桌前。那時母親為我做了蛋包飯，非常好吃。吃完正覺得心情好轉時，母親開口對我說：

「媽媽不想再多說什麼，但是千萬不要拿你父親不在當成藉口學壞！」

我想就是從那個時候開始，我不再是問題兒童。

---

1．日本職棒的讀賣巨人隊。

2．相撲力士大鵬幸喜。

# 慶祝會上的苦澀蛋糕

嬰兒潮世代的人們要退休了，如今才深深感受到時間流逝之快。

我出生於昭和十九年（一九四四年），比他們年紀稍長。因為出生在戰爭末期，我們那一代的人數很少。環顧整個文壇，昭和十九年出生的頂多就只有椎名誠和出久根達郎，再來就是人偶創作家四谷西蒙。

小學讀的是東京杉並區的區立杉並第一小學（位於中央線阿佐谷站北側）。我們那個年級的人數總是比較少，高一個年級的人數卻很多。因為人數相對少，也就覺得人單勢孤了起來。

升上六年級後，還以為總算可擺脫高年級的壓力，沒想到底下的年級也不可小覷，不僅班級數比我們多，每班人數也相去甚遠。感覺就像要被低年級追上來似的，依然顯得孤單。我們是處在夾縫中的世代。

現在我手邊昭和三十二年（一九五七年）三月的畢業紀念冊，一開頭就是全體學生參加朝會的照片，各年級的學生人數一目瞭然。相對於短短的六年級隊伍，年級越低隊伍就拉得越長。當時還沒有這個名詞，但就是名副其實的「嬰兒潮」。學童人數的增加意味著漫長的戰爭結束與和平到來，照理說是值得祝福的事。

只是對於人數較少的世代，心情總覺得有些不太舒坦。

那是戰後貧困的年代。

那時小學的校舍還是木造建築，一到冬天還得燒煤炭爐取暖。說到學校供應的營養午餐，就是惡名昭彰的脫脂奶粉。如今每隔四年舉辦一次小學同學會，每次大家都會聊到那可怕又難吃的脫脂奶粉。這個話題總能引發熱烈討論。

炸鯨魚塊也是難忘的菜色之一。這個東西有人愛吃，有人討厭，意見相當分歧。我屬於愛吃的一方，至今仍認為是道美食，但也有朋友表示這輩子永遠不想再碰。

煤炭爐和鯨魚肉充分反映了那個時代。社會科的教科書上，也曾提到煤炭和鯨魚對日本而言有多麼重要。如今日本國內幾乎沒有稍具規模的煤礦場，鯨魚也因為捕鯨管制而不再是家常菜色。對於從那個時代走過來的我們而言，不免有些難以置信。

生於昭和十九、二十年的我們這一代，和後來被稱為「嬰兒潮世代」的學弟妹之間有著極大的差異。

戰後出生的他們理所當然地擁有雙親，相對地，我們年級每個班上總是有幾個小孩子的父母親死於戰爭。

我自己的父親就是死於戰爭。

我想這就是原因所在吧。我從小就喜歡看電影，常看西部片和古裝片（武打片），唯獨戰爭片，尤其是日本的戰爭片絕對不看。這種討厭看戰爭片的習慣一直持續到現在，至今仍無法觀賞克林・伊斯威特（Clint Eastwood）執導、大獲好評的《來自硫磺島的信》（*Letters from Iwo Jima*）。儘管我很清楚這樣有失影評人的專業。

小時候，我經常在空地上玩模仿武打片、西部片的遊戲，但不知道為什麼就是不玩戰爭遊戲。大概是因為在年幼懵懂的心中，也覺得那是不對的事吧。

當時有部廣受歡迎的廣播劇《赤胴鈴之助》。原著是漫畫，由還是童星的吉永小百合主演，故事講述孩童劍客對抗為非作歹的大人。《赤胴鈴之助》主題曲中有段歌詞是「雖然無父母，笑容仍璀璨」。原來赤胴鈴之助是個無父無母的孤兒。如今回想起來，當年之所以對這部漫畫和廣播劇那麼著迷，或許是在無意識中對「無父無母的孤兒」產生了共鳴也說不定。

有個大我三屆的漂亮學姊。她很會讀書，運動會時的表現也很活躍，是個萬人迷。

儘管父親不在了，她的個性依然開朗，總是被選為班級幹部。我們雖然不同年級，但因為家住得近，所以感情不錯。

有一天她說家裡要辦慶祝會，想邀請我去參加。我還以為是生日會，其實不然。

是她滯留在西伯利亞的父親回家了。我一直以為她父親不在是因為戰死，除了驚訝之外，也因為過去和我一樣同是「失怙小孩」的她突然變成「有父親的小孩」，老實說不禁有些悵然。

那一天她們家招待了蛋糕，是鎮上同樣從西伯利亞遣返的人所開的西點鋪製作的。那滋味吃起來有些苦澀。

# 喜歡相撲的拉麵店

那間拉麵店離我家約徒步十五分鐘的距離。雖然面對一條車流量大的馬路，但附近算是住宅區，店家就只有小型美容院和這間拉麵店。大概是沒有天然氣管線，兩間店用的都是桶裝瓦斯，流露出彷彿被時代棄置的一面。

我在散步途中發現了這間店，從此偶爾上門光顧。大概去的時間不是用餐時段的緣故，每次去客人都不多。小小的店裡只有一張長條吧檯和兩張桌子。

相撲賽季開始後，在比賽進入中段後半的五點左右上門，就可以一邊看電視賽況轉播，一邊喝啤酒配煎餃。

拉麵店由一對中年夫婦經營。夫妻倆照管如此規模的店面，應該是綽綽有餘吧。

老闆似乎也喜歡相撲，在廚房一邊吸菸一邊看著電視的賽況轉播。這在下町的拉麵店是尋常光景，但在杉並區這一帶就很少見了。有一次我問他喜歡哪個相撲選手，他說是若之里，正好我也一樣。小時候，我是栃錦的死對頭——若乃花的粉絲，從此出自二所關一門、藝名中有「若」字的相撲選手我都喜歡。聽到我這麼說，老闆說他也是，還說現在若乃花徒弟的徒弟，叫稀勢之里的那個選手不錯。

得知這一點後，我們就成了隔著吧檯對飲啤酒的酒友。

我成長於杉並區的阿佐谷。

那一帶有西東京難得一見的相撲部屋[1]——花籠部屋，但因為成員人數稀少，暫跟日大相撲部借用練習場。

這個部屋最受歡迎的選手就是若乃花。

儘管身型較小卻慣用借力使力、過肩摔等高招，豪邁的取勝技巧讓他迅速受到街頭巷尾的小孩子歡迎。

那時電視機正好問世，相撲賽也開始有實況轉播。因為比收音機更具臨場感，每當賽季開始，孩子們就都聚集在電視機前。

可是家裡還沒有電視機。

我是在哪裡看的呢？那時商店街有幾間店很早就買了電視機，像是蕎麥麵店、小吃店、豆腐店，還有拉麵店。除了豆腐店是站在門口看的，其他都是以顧客的身分進到店裡看。

我最常去的是附近的拉麵店。

那是只有一張長條吧檯和兩張桌子的小店。最裡面有個六張榻榻米大的小房間，店家會讓小孩子們坐進房裡看電視。那應該是他們家的客廳兼飯廳吧，冬天還會擺出暖桌。

那是一對人很好的中國人夫婦開的店，一到相撲賽季，每天都會有十來個小孩子擠進房裡。就算只點一碗拉麵賴上好半天不走，他們也不會對人擺臉色。

看到孩子們因為若乃花打敗栃錦而欣喜時，拉麵店老闆娘甚至會發糖果給大家吃。

有的小孩因為家長不准他們到拉麵店看電視而沒錢點麵，老闆娘也依然親切接待，用碗裝餛飩請他們吃。

或許是因為我們那一夥的孩子王跟拉麵店的小孩讀同一年級，所以老闆娘對我們格外親切吧。

家裡裝電視機是在我讀中學時，因此小學五、六年級時所有的相撲賽，看的都是這間拉麵店的電視轉播。一碗拉麵就這樣一口一口地慢慢吃著，最後照理說麵都糊了，卻還是覺得十分美味。

如今相撲賽季開始時，我偶爾會去附近這間中年夫婦開的店裡喝啤酒，或許是因為小小的店面氣氛和兒時收看相撲賽的拉麵店很相似吧。

那年冬天妻子生病，住院將近一個月。因為沒有小孩，我自然就變得經常外食。

一個寒冷的冬日，我突然想吃碗熱湯麵而去了那間店。不料既非假日，店門卻上了鎖。

門板上貼了一張紙寫著：「內人生病療養中，暫時歇業」。原來跟我家的情況相同，心情不禁為之一沉。

之後店門始終緊閉著。

到了春天，妻子總算出院了。病後為了盡快恢復體力，我們夫妻倆每天早上都會一起出門散步一個小時。

在滿眼新綠的美麗早晨，經過拉麵店門口時，看到寫著「重新開張」的告示。老闆娘想必恢復健康了吧，我覺得安心許多。夏季相撲大賽即將開始，到時候再上門點啤酒喝吧。

---

1．培養相撲選手的機構，不同的選手隸屬不同門派。

# 清彩的納豆湯

自美國牛肉進口引發騷動後，吉野家的牛丼飯動輒成為話題，讓我不禁懷疑人們是否忘了吉野家另一個強項是早餐的定食呢？

尤其是納豆定食。白飯加味噌湯、納豆、海苔、生雞蛋，還有醃菜，只賣三百五十圓，比喝杯咖啡還要便宜。如今能以這種價錢吃到這樣的菜色已經十分難得，更遑論從一早六點就開始供應早餐。

四十多歲時，我一有翻譯工作就會住進人形町附近一間家族經營的小飯店。熬夜工作後的早晨很容易肚子餓，這種時候就會慶幸飯店附近有二十四小時營業的吉野家。我常去吃納豆定食，覺得那裡就像清晨東京的綠洲。

住進飯店熬夜工作，早晨再去吉野家吃納豆定食。尤其在攪拌納豆時，可說是我微小的幸福時刻。朋友中有個愛吃韓國菜的年輕小姐，她的口頭禪是「當石鍋拌飯送上桌後，再也沒有比用湯匙將所有菜飯拌在一起更幸福的時刻」。仿效她的說法，攪拌納豆就是我的幸福時刻。

在家吃納豆時，我很講究「配料」。我會將切碎的野澤菜或廣島菜加進納豆裡。有時也會加入切碎的海帶，還有切碎的醃製小黃瓜或生薑。夏天加點梅肉會更爽口，這些都是我所謂的納豆「配料」。

將廣島菜切成細末加進納豆裡攪拌時，真的會有一股幸福的感覺。因為妻子曾經皺著眉頭嫌棄說：「真是小家子氣，拜託別那麼做。」一開始我都是背著她吃，但後來她似乎也拿我沒轍，會將納豆連同「配料」一起端上餐桌。

之所以愛吃納豆，主要是受到兒時對我照顧有加的女傭清彩影響。她戰前就來到我家，和我們一同經歷了戰時和戰後的艱辛。母親因為戰爭失去了丈夫，獨自拉拔五個小孩長大。在戰後蕭條的時期，她實在無暇顧及第五個小孩，也就是我。因此自懂事以來，我總把清彩當作另一位媽媽。

雖然我毫無印象，但長大之後根據二姊的說法，幾乎可以用「年幼的我是在清彩背上長大的」來形容她對我的照顧。

清彩來自山形縣的農家，十多歲就到東京的我家幫傭。從昭和十幾年，到戰爭時期、戰後蕭條期，一直到昭和三十幾年的經濟高成長期，她都在一旁守著我母親、守著我們家，之後嫁人為繼室，在我過了而立之年後去世，享年六十六歲。

小學時的我倒是經常幫忙做家事。在院子裡挖洞埋廚餘，或是刨柴魚。

當時燒洗澡水用的不是瓦斯而是柴火，我會用柴刀將薪柴劈成小塊。還有到院子裡挖蘘荷，或是摘山椒葉。即便是杉並區的阿佐谷，在昭和三〇年代初期也還過著那樣的生活。

家事中我最喜歡的就是劈柴。用一把小小的劈刀將薪材劈成兩半，感覺很爽快。當時看的西部片《原野奇俠》（*Shane*，一九五三年）中，有飾演男主角的艾倫・賴德（Alan Ladd）用斧頭劈砍大樹根的畫面，讓人印象深刻。劈柴讓我有變成男主角的感覺。而最令人欣喜的是冬天劈完柴後，清彩會煮納豆湯犒賞我。

仔細用擂缽將納豆磨成泥糊狀，然後加入味噌做成味噌湯。好像是清彩故鄉山形縣的傳統地方菜。做法簡單到幾乎稱不上是名菜，但用擂缽研磨納豆得費心思和工夫。那時還是小孩子的我會在清彩研磨納豆時幫忙扶穩擂缽。一想到再過不久就能喝到熱呼呼的納豆湯，對於幫忙扶擂缽的差事不僅不以為苦，反而樂在其中。如今一到冬天，我就會想吃當年的納豆湯。

最近超市賣起用熱水一沖就能喝的袋裝納豆湯，但我一點都不想買。妻子生於愛知縣，一向就和納豆無緣，聽到納豆湯眉頭立刻就皺起來。畢竟自古以來東海以西就不太吃納豆，這也沒辦法。

手邊有張小學五年級遠足時的照片。那是在千葉縣內房的岩井海岸拍的，背後站著同學們的家長和清彩。大概是慰勞她的辛勞，母親才讓清彩陪著我一起去玩的吧。現在看照片才驚覺清彩竟如此嬌小，和身旁的小學生身高相去不遠。如今想到這麼嬌小的女性在戰後蕭條的年代始終揹著年幼的我，不禁羞愧得抬不起頭。

# 姊姊，與溫暖的豬肉味噌湯

天氣一冷，就覺得豬肉味噌湯好吃。

不知道是誰想出來的，用豬肉、紅蘿蔔、牛蒡、芋艿、蘿蔔、蒟蒻和味噌就能做出絕妙的滋味。

小時候這是一道美食，我還特別稱它是「加了豬肉的味噌湯」。如今和同一輩的人在居酒屋聊到豬肉味噌湯時，大家都會熱烈討論加在其中的配料，除了固定的幾樣蔬菜外，有的人會放馬鈴薯，也有人放豆腐或油豆腐。

這種時候，要是那間居酒屋有豬肉味噌湯就再好不過了，因為大家最後都會點來吃。

大姊長我十三歲，我才剛進小學時，她已經從高中畢業在日本橋的銀行上班。姊姊從小就信奉天主教，可能是因為戰爭時失去了父親，也失去了心靈的支柱，因此戰後就成為十分虔誠的信徒。

小學低年級時，姊姊和教會的朋友們一起去爬秋天的高尾山，也帶著我同行。

那是由日文說得很好的德國神父所帶領的年輕團隊。神父一邊爬山，一邊開朗地說著笑話。

姊姊也笑得很開心。姊姊在兄弟姊妹中算是比較文靜的，平常不太會笑。所以看到笑容滿面的姊姊，我覺得很新鮮。

雖然由我這個弟弟的口裡說出來，有些老王賣瓜之嫌，但姊姊皮膚白皙、身形纖細，長得又漂亮，有種不食人間煙火的感覺。

她體弱多病，經常得上醫院。這樣的姊姊那一天卻充滿活力地走在山路上，大概是和教會的朋友們一起圍在敬愛的神父身旁，覺得很開心的緣故吧。

我們決定在靠近山頂、視野開闊的空地上吃午飯。在神父的指揮下，搭帳篷、升火，然後架上一口大鍋子，燒開水做飯。年紀還小的我還不知道自己能幫上什麼忙，不久後就聞到鍋子裡傳出香味。那個名字像「雞」（niwatori）的日文發音倒過來唸的神父，為年紀最小的我盛了第一碗剛煮好的湯。

那是我有生以來第一次吃到豬肉味噌湯。我好開心，心想人世間怎麼會有這麼好吃的食物。豬肉味噌湯這個菜名，也是那時候姊姊告訴我的。

我們家開始煮豬肉味噌湯應該就是那之後的事吧。

也是小學二年級發生的事，暑假姊姊帶我去後樂園球場看夜間球賽。我手邊還有當時寫的「暑假圖畫日記」。

「（昭和二十七年）八月十七日，星期天。今天傍晚跟大姊去看『每日』對『大映』的夜間球賽。」

那是千葉羅德海洋隊的前身每日獵戶星隊，和之後被每日合併的大映明星隊的比賽（「每日」是每日新聞，「大映」則是大映電影公司）。

除了驚訝於戰後當時已經舉行起夜間球賽，那天還吃到了難忘的食物——熱狗。跟豬肉味噌湯一樣是生平第一次品嚐，覺得真是人間美味。

根據書上記載，熱狗在戰後的日本首次出現，據說是昭和二十四年（一九四九年）法蘭克．歐岱爾教練率領舊金山海獅隊（當時是洋基隊的二軍）訪日，在後樂園球場和日本職棒進行友誼賽時，球場仿效美式做法開始販賣的。

當時也賣可口可樂，可惜銷路不好，一直要到後來的東京奧運前夕才逐漸普及。與之相反的，熱狗很合日本人的口味，後樂園球場開始推出後不久便成為球場的名產。

我猜姊姊也是有所聽聞才會買熱狗給我吃吧。鬆軟的長條麵包中間夾著一根剛煮好的熱香腸，實在太好吃了。

多年之後在美國的科幻電影中，看到船艙裡的太空人受夠了難吃的太空食物，說出了這樣的一段話：

「說到好吃的東西，再也沒有比洋基球場的熱狗更好吃的了。尤其是從春天到秋天始終小火熱著的香腸。」

姊姊買給我的熱狗就是那種滋味。

姊姊後來毅然決然地做了那個決定。她生病後的幾年雖然一度搬回家住，卻在我小學五年級那年進了天主教的修道院。

事後我才知道除了父親，戰爭也奪走她許多同學的生命，她想為那些人祈禱。如今回想起來，豬肉味噌湯和熱狗彷彿就像遠離塵世的姊姊留給我的紀念品。

# 母親做的便當

和兩名四十多歲的女性好友一起喝酒時，聊到了意外的話題。那就是「幫高中生小孩做便當」。

F女士擔任電影公司公關部要職，已婚，有一個讀高中的兒子。K女士則是活躍於電影圈的編劇，同樣已婚，有個讀高中的女兒。

我們三人在澀谷的居酒屋裡聊天喝酒時，很自然地聊到了「小孩的便當」。兩位母親都將準備便當視為一天中的大事，一早六點就起床幫小孩做便當。這聽在沒有小孩的我耳中，實在驚訝不已。

F女士和K女士雖然是職業婦女，但同時也是為了替讀高中的小孩做便當，早上六點就得起床的母親。

有女兒的K女士很注重便當的配色等外觀，而有兒子的F女士則是重量不重質，總之就是分量要夠。我在一旁只能猛點頭。

小學時吃的是學校的營養午餐。

大概是糧食供應不足，帶便當會造成家庭莫大的負擔吧。

問起營養午餐中最討厭的菜色，我們那一代的人都會異口同聲回答是那種喝起來像沖泡過很多次，茶不茶、奶不奶的脫脂奶粉。雖然是美國人送給戰敗後成為窮國的日本兒童的食物，但實在是太難吃了。

所以上了中學午餐改帶便當，我真的很高興。每天打開便當盒蓋的瞬間，總是興奮不已。

母親那時為我做的便當有什麼菜色呢？昭和三〇年代初期和現在相比，

絕對稱不上是富裕，自然也不可能太過奢侈。

菜色不外乎是常見的煎蛋卷、魚板、鹹鮭魚，以及鹹昆布、酸梅和醬菜。所謂的鹹鮭魚根本就是撒上一層厚厚鹽巴的魚塊，絲毫沒有「注意鹽分攝取」的概念可言。

母親做的便當有兩種是我最喜歡的，就是雙層海苔和三色飯。

雙層海苔是在飯上鋪一層淋了醬油的海苔，然後覆蓋一層白飯，最上面再鋪海苔。或許可以說是海苔飯的兩層樓建築吧。

吃著上面一層海苔和米飯時，看到底下一層海苔露出來就覺得高興。或許比起今日，當時海苔算是價格平實的食材吧。

所謂的三色飯，是將白飯分成三等分，上方分為放上炒蛋（黃色）、炒雞鬆（褐色）、還有青菜，像是菠菜或四季豆（綠色）。

如此一來不僅賞心悅目，就算是討厭的青菜也能吃下肚。

在哪裡吃便當也很重要。

通常是在教室裡，春天和初夏時節則會想到戶外用餐。

因為中學是很容易肚子餓的年紀，很多學生在中午前就會偷吃所謂的「早便」。我通常吃過早飯才出門上學，所以不太偷吃早便。

在教室裡利用下課時間慌慌張張地偷吃便當也不好吃，我喜歡在午休時間從容地享用美味的便當。

一開始，我經常跑上屋頂打開便當盒蓋。從屋頂望過去，眼前就是當時正在搭建的東京鐵塔。這座塔於昭和三十三年（一九五八年）完工，是我中學二年級的冬天。升上三年級的早春時節。一邊眺望著比巴黎艾菲爾鐵塔還高的東京鐵塔一邊吃便當，對中學生而言是最奢華的享受。

記得當時的校規嚴明禁止學生到校後隨意跑出校外，可是成為高中生之後，我膽子也變大了，常偷偷離開學校，跑到附近的有栖川公園、善福寺的蛤蟆池邊吃便當，算是小小的野餐。

便當盒多半是用舊報紙包著。說是舊報紙，其實也不過是一個禮拜前的《朝日新聞》或《東京新聞》，一邊看著運動版上阪神虎隊贏球的報導，一邊嚼著嘴裡的便當，那滋味尤其可口。

高三那一年我得到了全勤獎。那可是很難得的事。因為我讀的是所謂的升學名校，學校有項不成文規定是：到了高三的第三學期，為了準備升學考試可以不去學校。

我不知道為什麼就是討厭那麼做，所以高三那年硬是每天上學。那時得到全勤獎的只有少數幾個人。如今回想起來，說不定我只是為了吃母親做的便當吧。

完全沒有顧慮到母親得因此天天早起，當時她的年紀比F女士和K女士稍大，已經五十出頭了。

# 德國阿姨與貓飯

最近幾乎看不到貓飯了。所謂的貓飯，其實就是白飯撒上柴魚片。以前的貓常吃那樣的飯。

昭和二十六年（一九五一年）上映的林芙美子原著、成瀨巳喜男執導的日本電影《飯》，故事講述的是一對婚姻進入倦怠期、沒有兒女的夫妻（由上原謙、原節子飾演）。在這部電影中，有一幕飾演妻子的原節子餵貓吃飯的畫面。

仔細一看，是白飯拌柴魚片。這就是那個時代典型的「貓飯」。看在充斥各種貓食的現代人眼裡，真是純樸得讓人懷念。

從前給貓吃粗食是理所當然的事，就連人也吃柴魚片拌飯。根據美食作家小島政二郎的散文集《貪吃鬼》所述，戰前曾經流行過俗稱「香便」、「貓便」的火車便當。「香便」就只是白飯鋪上各種醬菜[1]，而「貓便」則是白飯撒柴魚片。

既然連人都愛吃「貓便」，或許對貓來說也算是美食吧。

小時候，住家附近有棟被稱為「薔薇樓」的洋房。我成長的東京杉並區阿佐古一帶，戰爭期間幾乎沒有受到空襲的破壞，所以留有幾棟在還是承平時代的戰前建造的洋房。

薔薇樓就是其中之一。初夏時節，庭院的紅、白玫瑰開得燦爛。

據說戰爭期間為了解決糧食不足的問題，附近許多人家開始在庭院栽種蔬菜，只有薔薇樓無視時局艱難，繼續種植玫瑰，因而遭受鄰近居民的諸多責難。

薔薇樓裡住著一位「德國阿姨」。因為房子的男主人是德國學者，他的妻子自然就被稱作「德國阿姨」。她在戰爭期間仍堅持種玫瑰，可見是怪人一個，不僅與左鄰右舍毫無往來，更幾乎不見人影，甚至有小孩在背地裡叫她「巫婆」。

德國學者丈夫在戰後不久過世，留下沒有小孩的德國阿姨獨自生活。不過薔薇樓的門牌上，依然留著已故德國學者的名字。因為戰爭失去丈夫、代代木的家也付之一炬，被迫搬到阿佐谷的我母親嚴厲地批評她：「人都死了，名字還留在門牌上，真是不像話！」或許對早已做好心理準備要以寡婦身分過活的母親而言，德國阿姨太過依戀、不夠乾脆吧。

我家那時養了狗和貓，但都是混種的。大我兩歲的哥哥喜歡狗，我則對那隻褐色的虎斑貓情有獨鍾，冬天一到幾乎每天都抱著牠一起睡覺。

在貓飯裡拌柴魚片是我的工作。為了那隻仿效當時捷克斯洛伐克的長跑名將扎托佩克（Emil Zátopek）取名為「佩克」的愛貓，準備貓飯的差事我絲毫不以為苦。

某天望向庭院時，看到佩克正在和一隻陌生的貓玩耍。那隻貓跟日本貓很不一樣，渾身白色短毛，只有鼻頭一帶是黑色的。比起混種的佩克，氣質顯得優雅許多。正當我心想「什麼嘛，裝模作樣的貓」，用力瞪著牠看時，那隻貓就一溜煙地消失了。

第一次踏進薔薇樓是我小學六年級時，起因是和德國阿姨在意外的地方相遇。

就是街上的租書店。當時租書店很流行，阿佐谷一帶也開了好幾間。還是小學生的我一開始先是租漫畫，後來對推理小說產生興趣（當年叫偵探小說），常去租來看。早川書房開始出版口袋書推理系列，就是在那個時候。

我在租書店遇到了德國阿姨。阿姨知道我很迷阿嘉莎·克莉絲蒂（Agatha Christie），覺得很有意思，就向我提出邀約：「我家有很多書，歡迎來玩。」那應該是暑假的事吧。我怯生生地前往薔薇樓，在看到許多書驚訝之餘，又發現上次那隻貓就躺在書本上。德國阿姨說牠是阿嘉莎，是仿效阿嘉莎·克莉絲蒂而命名的。這時我才知道牠是隻暹羅貓。

我心想還真是隻態度高傲、令人討厭的貓啊，沒想到德國阿姨給牠吃的竟和佩克一樣，是拌了柴魚片的貓飯。頓時覺得和阿嘉莎的關係拉近許多。

已故男主人的名字從德國阿姨家的門牌上消失，大概也是那時候吧。

---

1．日文中醃漬的醬菜又稱為新香、香物。

# 跟著「祇園的舅舅」吃宵夜

我想現在也還有許多人會這麼做。不直接稱呼親戚的名字，而是冠上對方居住的地名。

像是「札幌的伯父」，還是「廣島的阿姨」。或是對方打電話過來時，不叫名字，而是說「札幌打來的」。

小時候，「祇園的舅舅」很疼我。他是母親的弟弟，住在京都的祇園，所以是祇園的舅舅。

舅舅已婚但膝下無子，或許因為這樣才特別疼愛在戰爭中失去父親的外甥。就像法國片《我的舅舅》（*My Uncle*）一樣。

戰後歷經了一番辛苦，舅舅來到京都附近的滋賀縣大津，在琵琶湖畔開了間塑膠工廠，搭上經濟高度成長的順風車，經營得還算不錯。

中學、高中和大學等時期，我曾多次去祇園的舅舅家玩，其中印象最深刻的還是第一次去的小學六年級夏天。

昭和三十一年（一九五六年）那時當然還沒有新幹線，搭的是晚上從東京出發、清晨抵達的夜車。那是我頭一次單獨出門旅行，就像耶里希·凱斯特納（Erich Kästner）的兒童文學名著《小偵探愛彌兒》（*Emil and the Detectives*）中，一個人搭火車旅行的少年愛彌兒一樣緊張。

所幸和我在四人座位相對而坐的其他幾位大人都很親切，其中一位大叔還送我冷凍橘子（現在還有這種吃法嗎？），那美妙的滋味讓人難以忘懷。

每天早上我都和舅舅一起通勤，從祇園前往大津的工廠上班。搭的是如今已經功成身退的路面電車。上午我在工廠的辦公室裡寫功課，午休時間和舅舅一起吃著舅媽為我們準備的便當，接著到一旁的琵琶湖裡游泳。那時琵琶湖的水還很乾淨，可以盡情游泳玩樂。

最快樂的事莫過於坐船。那應該是舅舅向認識的漁夫（當時還有漁夫）借來的船吧。舅舅教我如何搖櫓，但一直到暑假結束，我才總算學會一個人划船。

到了假日，舅舅會帶我去甲子園球場看高中棒球賽。代表東京出賽的早稻田實業高校投手是王貞治，同樣身為東京人的我當然支持他。

我已經記不清楚，印象中早稻田實業高校似乎是輸球了。相比之下，我卻明確記得在豔陽高照的看台上吃到的「碎冰塊」。就是將冰塊敲成碎冰裝進塑膠袋賣，後來成了甲子園球場的夏季特色商品。在冰淇淋還很奢侈的年代，「碎冰塊」可說是烈日驕陽下的美食。不知道現在還有賣嗎？

祇園的舅舅，顧名思義就住在祇園正中央的八坂神社附近，也就是石階下那一帶。他們家是京都特有「像鰻魚窩一樣長」的傳統町家建築。周遭是熱鬧的餐飲商店街，直到深夜都還人來人往，也看得到舞妓的身影。看在一個來自東京幽靜平民住宅區的小孩眼中，一切都顯得很新奇。當時我還沒學會「文化衝擊」這個詞，但的確感受到了某種文化上的衝擊。

東京杉並區一帶，晚飯時間一過就變得很安靜，而祇園到了七、八點，夜晚才正要開始。最讓我驚訝的是，舅舅在晚上十點左右總會說「去吃宵夜吧」，然後帶我出門。

要是在東京，絕不可能那麼晚還出門吃宵夜。可是舅舅卻一副理所當然的模樣，一到晚上十點就帶我上街。

因為就住在餐飲商店街正中央，能去的店家很多，每一家都開到很晚。

舅舅最喜歡的是正對著市電路的一家小中菜館。他通常先點啤酒，喝得盡興後再叫盤炒飯。

舅舅會將附贈的湯淋在炒飯上，像吃茶泡飯那樣囫圇吞下肚。還笑說雖然吃相難看，但這種吃法最好吃。那時的舅舅大約四十多歲吧。

舅舅常說他的姊姊，也就是我母親兒時的事給我聽。聽到自己不知道的、母親的童年往事，感覺很新鮮。我當然也知道舅舅說的是客氣話，但從他口中聽到母親是所有孩子中最會念書的，年幼的我還是覺得很開心。

舅舅說母親小時候最喜歡吃中國菜，尤其喜歡芙蓉蛋。我出了社會後領到第一筆薪水，就是請母親去吃她愛吃的芙蓉蛋。

# 清晨的豆腐店

世上愛吃豆腐的人很多。

在戰前的昭和十四年（一九三九年）以《淺草的孩子》榮獲芥川獎的作家長谷健就一日三餐不能沒有豆腐。

以前到長谷健的故鄉福岡縣柳川旅遊時，很驚訝地在護城河附近看到他的文學碑，居然做成仿豆腐的形狀。

以怪談電影傑作《東海道四谷怪談》（一九五九年）聲名大作的電影導演中川信夫也喜歡拿豆腐當下酒菜，他的忌日也因此被稱為「酒豆忌」。

我敬愛的德國文學大家、已逝的種村季弘先生也喜歡豆腐。他因為對超市賣的豆腐不滿意，寧可騎著腳踏車到街上的豆腐店去買。

不只豆腐，他在名著《食物漫遊記》中還提到：

「不只是豆腐，豆腐店裡賣的所有東西，舉凡油豆腐、豆渣、納豆、海帶芽、蒟蒻絲等食物我都愛吃。」

看到這段話，我高興得猛點頭。

我幾乎也是如此。豆腐店裡賣的東西我都愛吃。然而最近的豆腐店已經不再賣海帶芽或蒟蒻絲，賣納豆的也越來越少了，心裡不免有些失落。

小時候，我家附近就有一間很好的豆腐店。

那時暑假還得早起到學校做早操，從六點半開始。出門前母親總會交代我：「回來時順便幫我買塊豆腐。」

我有些驚訝，心想哪有店會這麼就早開門做生意。可是做完早操回家的路上，繞去豆腐店一看，還真的已經開門。我拿出母親交給我的小鍋，放進一塊白色的板豆腐，小心翼翼地捧回家。

小鍋裡的豆腐很漂亮，後來讀到久保田太郎的名句「雪白湯豆腐，恍若生命極盡處，微微泛光明」，腦海中就浮現那只小鍋中的白色豆腐。

那時母親交代我去買豆腐時，都會讓我帶著一只小鋁鍋。有時小鍋剛好裝了其他東西，就改用鋁製便當盒。為了避免裝在小鍋或便當盒裡的豆腐碰碎，我得小心呵護著捧回家。

幫母親去買過幾次豆腐後，常會遇見一名行為怪異的女性。看不出她的年紀，如今回想起來大約是三十出頭吧。奇妙的是，她總用手抓著店家擺在門口的豆渣來吃。

那時豆腐店會將做豆腐所剩的殘渣，也就是豆渣大方地放在店門口的木桶裡，讓人免費拿取。

那名女性似乎每天早上都會來吃豆渣。豆腐店老闆對待她就和普通客人一樣，不會作勢趕人。

那名女性在尼姑庵做雜工，幫忙除草、打掃墓地。據說她東京下町的娘家遭到空襲，雙親都去世了。當年的街坊鄰居也都習以為常地接納這樣的人。

話說回來，豆渣到底是什麼滋味？

那時我一時興起，也跟店家要了些豆渣。豆腐店老闆將我這個每天都來買豆腐的小孩視為上賓，還用薄木片替我將豆渣包好。

一回到家，母親看見豆渣，有些詫異，隨後將豆渣倒進平底鍋，加蒜頭、香菇用小火拌炒後，說：「炒好了，撒在白飯上一起吃會很好吃喲！」

從此這道炒豆渣就成了我的最愛。尤其是裡面加的幾顆豌豆仁，我習慣留到最後再慢慢享受。

如今住家附近也有一間一家人共同經營的豆腐店，和小時候我幫母親跑腿的那間店一樣，很早就開門營業。

夏日清晨，我在早起散步之餘，總會去那裡買塊豆腐（我喜歡的不是嫩豆腐而是板豆腐）。如此花工夫、美麗的食物，一塊只賣日幣一百六十元，真是讓人過意不去。只有豆腐的價錢和護理人員的薪資，不論如何調漲我都不會抱怨。

# 聖誕節、銀座、香煎豬排

我是極端的和食派，早餐只要有白飯、味噌湯和納豆就行。因為很少吃麵包，我家不會準備吐司。也沒有咖啡壺，粗茶就夠了。

上了年紀後，這種傾向更加強烈，連肉也吃得少了，與火腿、香腸更是緣盡情已了。

在小津安二郎執導的電影中，中村伸郎飾演的中年紳士曾說過：「年齡一增長，就會開始想吃清淡的東西。」我頗能理解那種心情。

進入十月後，我因為連日低溫而得了感冒。到附近診所看病時，醫生問都吃些什麼，我說主要是豆腐和納豆。原以為會被稱讚吃得很健康，不料卻反遭怒斥「不吃肉是不行的」，讓我大感意外。

醫生表示，老年依然健康的人多半都愛吃肉。仔細想想好像真的有那麼一回事。據說電影導演黑澤明一早起床吃的是牛排，山田洋次導演也是知名的肉食愛好者。作家石川淳年過九十依然老當益壯、昭和現代文學作家龍膽寺雄也是嗜肉一族。

在健康意識抬頭的時代，人們容易對肉食敬而遠之，怎知肉食反倒成了活力的來源。在醫生的強力建議下，那天晚上我只好到附近的燒烤店吃里肌肉和肋排。

但就是食不知味。畢竟一個人吃燒烤很沒意思。

隔天在銀座買完東西後，我決定找一家餐廳吃飯。那是傍晚時分，秋天的太陽早早就下了山，不到六點天色已經微暗。這時的銀座街頭既不是白天也不是夜晚，有一種處於夾縫的安詳。

坐在可以俯瞰整個銀座街頭的靠窗位置，我喝著啤酒，點了一道香煎豬排。只是煎過的豬肉在奢侈的現代或許稱不上美食，但對成長於戰後貧困時代的人們而言，卻是一道光輝閃耀的特別菜色。

昭和二十九年（一九五四年），小學四年級的聖誕節，我在銀座吃了香煎豬排。這是住在杉並區阿佐谷的小學生頭一次上銀座，香煎豬排也是有生以來第一次吃到，更是第一次使用刀叉吃飯。

那是我家附近的劇團大哥哥帶著我和大我兩歲的哥哥去的。大哥哥從熊本來到東京後，在阿佐谷的我家附近租房子住。我那個因為戰爭而去世的父親也是熊本人，所以同鄉的大哥哥經常來家裡玩。他是以演員為志向的好青年，我的二姊尤其歡迎他來。

為什麼那年聖誕節大哥哥會帶我和小哥去銀座呢？可能是那時因為加入

劇團，有了一筆意外的收入也說不定吧。

去銀座前，我們先到築地的東劇戲院看了美國片《銀色聖誕》（*White Christmas*）。翻閱當年的電影手冊，說是第一部「全景寬銀幕電影」。畫面是彩色的，銀幕也比平常還要大一些。後來才知道平．克勞斯貝（Bing Crosby）演唱的電影主題曲十分暢銷。

那是一部演員陣容豪華的院線片，也是小學四年級的我頭一次觀賞一流名片。劇情已經記不得了，只知道那時的自己完全被美國富麗堂皇的氣勢震懾住。那時距離戰爭結束不過九年，日本仍處於貧困的時代。

看完電影從東劇戲院來到銀座。一路上霓虹燈影閃爍，漂亮極了。在那個電力不足、停電被視為家常便飯的年代，只有銀座總是光輝燦爛。或許那就代表著戰爭結束，終於回歸和平的喜悅吧。

劇團大哥哥帶我和小哥去銀座的西餐廳，當時吃的就是香煎豬排。小學生當然還看不懂菜單，應該是劇團大哥哥點的餐吧。我猜他大概也是事先「預習」過。

第一次去銀座、第一次上西餐廳、第一次吃西餐。為治療感冒到銀座餐廳點香煎豬排吃的此刻，我分外懷念兒時的那一天。

後來，劇團大哥哥在我讀中學時和二姊結婚，成了我的二姊夫。在電視台草創期演出了《少年偵探團》（飾演明智小五郎）、《福爾摩斯教室》（飾演辻老師）等戲劇，名叫富田浩太郎。或許年長的讀者們還記得吧。二〇〇四年他因癌症而去世，享年七十九歲。

# 「山羊老師」的鰤魚燒蘿蔔

住在附近的編輯T先生帶了蘿蔔給我，說是剛從菜園裡挖出來的，上頭還沾著泥巴。剛忙完菜園工作的T先生腳上穿著橡皮長靴，看起來比平時健壯許多。

這一帶有個杉並區的農園，T先生在那租了塊自己的菜園。說是菜園，但其實只有兩坪大，T先生在農園主人的專業指導下，每天很開心地種著菜，說這是男人的樂趣之一。

今天他將成果與我分享。

我很高興地收下，晚上立刻著手做生平第一次的鰤魚燒蘿蔔。

讀中學時，學校每個禮拜都有一堂農業課，教東京的中學生們認識農業。這聽起來很稀奇不是嗎？

由一位上了年紀的S老師教我們如何種菜、種米。然而那門課既與聯考無關，都市小孩又都對農業興趣缺缺。

所以上那堂課時，大部分的學生都沒有聽S老師說話，轉而溫習其他科目或是讀自己的書。

S老師應該也留意到學生們並不熱衷上他的課，但他沒有斥責學生，總是心平氣和地介紹著蘿蔔、地瓜等蔬果、教我們如何施肥，或是在黑板上畫出棉樹的花。

老師的個性安靜，從來不拉高嗓門說話。總是一副不想聽就不要聽的淡定態度，自言自語地上著課，下課後就默默離開教室。課堂上既沒有學生提問，也沒人和他話家常。

因為實在太安靜，老師還被取了個「山羊」的綽號。長相也跟山羊有些相似，戴著眼鏡，就像鄉下的老村長一樣樸實。

這堂課沒有考試，只要求在學期末繳交課堂筆記。雖然沒有人認真聽講，但大家總是能適度地整理出如何種米，或是參考百科全書寫下種植南瓜的方法。

即便看到那些內容貧乏、對這門課毫無敬意可言的筆記，S老師也不會動怒，依然公平地給大家及格的分數，然後繼續心平氣和地上著沒有人聽講的課。

學校有自己的農園。

就在多摩川邊，距離現在的東急多摩川線鵜木站走路約十分鐘的地方。

當時這條鐵路沿線的四處盡是田地。

為什麼非農業學校卻擁有自己的農園呢？大概是因為戰爭時期糧食不足，才在這裡種植芋頭、南瓜等作物吧。

農業課有時也會到農園上課，也就是實習，實際學習怎麼挖芋頭、拔雜草。

農園裡有位園長，年紀跟S老師不相上下。他的身材矮小、體格壯碩，腳上穿著兩趾的布鞋，頭上還戴著草帽。一看就是自古以來在這塊土地務農的人家。

學生們在園長的指導下從事農務，但沒有人有心學習，總是一逮到機會就偷懶，還有人跑去多摩川裡划船。儘管園長會大聲斥責，但自以為是的學生們哪裡肯聽呢。

只有S老師和上課時一樣，心平氣和地獨自進行著手上的作業。大概是因為來到田裡覺得很開心吧。不同於在教室裡上課，他偶爾會對我們露出笑容，或是跟園長愉快地聊天。

只有一堂在農園上的課，至今我仍清楚記得。

S老師告訴我們：「蔬果也會開花，而且非常漂亮。」

果然一到六月，農園到處開滿了小白花。才在納悶是什麼花，結果走近一看，竟然是馬鈴薯花。我很驚訝馬鈴薯居然能開出如此美麗的花。

後來仔細觀察，才知道地瓜、南瓜也會開花。雖然這是天經地義的事，但都市裡的中學生就是缺乏田園知識。

認識了蔬果的花後，我開始期待到農園上課。在星期日的課餘時間，也會和加入園藝社的朋友相約去農園玩。S老師通常會比我們先到，和園長戴著草帽在豔陽下從事農務。

採收時，S老師在農園的小木屋裡做鰤魚燒蘿蔔請我和園藝社的朋友吃。我還清楚記得那時S老師說過的話：

「蘿蔔本身沒什麼味道，卻能好好吸收對方的味道，讓我們嚐到好滋味。」

可惜我第一次做的鰤魚燒蘿蔔，並沒有煮出那樣的好滋味。

# 輯　二

年過半百之後，才開始懂得熱清酒的好。尤其拿生魚片當下酒菜時。

# 大人的鰻魚飯

「烤鰻魚這種東西可是一年當中難得幾回、在特別的日子才吃得到的奢侈品呀。」

在電影《男人真命苦》第十七集《再見夕陽》中，叔叔對阿寅說過一段類似這樣的話。那是身為柴又一介糯米糰子店老闆、腳踏實地過日子的人會說出口的話。

對於多數的市井小民而言，烤鰻魚現在還是一年當中難得幾回、在特別的日子才吃得到的奢侈品吧。

記憶中小時候從來沒吃過烤鰻魚。

除了因為那是戰後貧困的年代，也因為當時有著「小孩子不能吃烤鰻魚」的不成文規定。

記憶中第一次吃到烤鰻魚（正確來說是鰻魚飯），是大學當家教時被對方人家招待的。

我落榜後重考了一年，在昭和三十九年（一九六四年）正式進入大學就讀，正好是東京奧運舉辦的那一年。

在中學、高中老師的介紹下，我受聘成為中學學弟的家教。在到處充斥著補習班的現在，家教這門兼差已經大幅減少，然而在那個年代，家教對大學生來說算是很好的打工機會。

家教學生的家位在中央線上，是一幢被高大櫸樹環繞的豪宅，據說房子的男主人在日本橋一帶擁有自己的餐廳。

我教的對象是中學一年級的男生，個性乖巧，學業成績也不錯。雖然一個禮拜只去教一次，但因為對方資質好，往往比預定的時間提早結束。迫於無奈，我只好跟他閒聊電影或漫畫。然而這種時候，對方的母親要是端著點心進來，我就會覺得很糗，好像自己都在打混。

對方的母親人很好，經常送我這個「窮學生」（搞不好這個名詞也跟「家教」一樣，逐漸成為死語了）像是來自日本橋名店的餐盒，或是親手烤的鬆餅。

當時不知道在什麼情況下，我和對方的母親聊到烤鰻魚。我提到自己從沒吃過烤鰻魚，也許在家裡有吃過，但始終與那種裝在漆器餐盒裡的鰻魚飯無緣。

我都已經忘記自己說過那些話了，但一個禮拜後再去，在那天家教結束時，對方的母親居然端出鰻魚飯請我吃。

印象中她不斷催促，我卻吃得誠惶誠恐，就這樣生平頭一遭享用裝在高級漆器盒裡的鰻魚飯。那是我記憶中最早的烤鰻魚。上了大學後才有機會吃到，即使在我那個年代也是算晚的吧。

那鰻魚飯好吃是好吃，但當天回家後聽到我說在學生家被請了一餐鰻魚飯，母親竟勃然大怒：「好像我們家窮得讓你吃不起烤鰻魚似的，拜託不要丟人現眼了。」不過，在那之後我還是沒有在家吃過鰻魚飯，可見家裡就是有小孩子不能吃烤鰻魚的觀念吧。

還有另一個回憶。

這也發生在大學時期，我到教授家幫忙整理藏書。那是教中國古代史的老師，擁有許多我看都沒看過的書。在老師的指示下，我將藏書分門別類，收進新蓋好的書庫裡。

就這樣一連去了三天，直到最後一天中午過後才大功告成。正要告辭時，老教授開口說：「我叫了鰻魚飯，吃完再走。」

老師跟附近的店家訂好外送的鰻魚飯，開了啤酒要我一起喝。起初覺得跟老師對飲有些拘束，但因為聊到烤鰻魚和喝酒等話題，再加上老師的談笑風生，我不知不覺也乾了好幾杯啤酒。

就在酒酣耳熱之際，鰻魚飯送來了。起初我還有些客氣不敢開動，但看到老師連聲稱讚「好吃好吃」地大快朵頤起來，也就跟著動了筷子。老師大概是顧慮到我的心情才那麼做的吧。老師比我先吃完，接著做出令人難忘的舉動——將筷子應聲折斷，扔進空餐盒裡。動作感覺很熟練，彷彿理所當然。但年輕人有樣學樣很可笑，所以我就沒有折斷筷子。

幾年之後，老師過世了。在守靈夜上，聽師母提到老師很愛吃烤鰻魚，平時遇到好事常會叫鰻魚飯來吃。我想那一天大概是因為藏書都整理好了，他覺得很高興吧。

踏入社會後，我開始跟平常人一樣吃起烤鰻魚，有時也會一個人走進鰻魚飯店。然而至今仍無法在吃完後將筷子折斷，感覺自己還缺乏那樣的派頭。

# 「海鞘」與「尼姑庵」小姐

走進赤羽的居酒屋，看見菜單上有難得一見的「莫久來」，發音為「bakurai」。就是用海鞘做成的下酒菜，有的人還會加入海膽。我想海鞘應該是東北、三陸海岸一帶的名產。

這是道適合熱清酒的下酒菜，充滿海的氣息。略帶苦味，所以可口。上了年紀的人更懂得欣賞這道下酒菜的滋味。

我年輕時不敢吃海鞘，年過六十的今天才覺得美味。人的味覺真是不可思議。

成為自由的文字工作者是在一九七〇年代中期，我三十歲左右的事。並不是喜歡而這麼做的，是基於某個原因不得不離開報社的工作，不得已只好靠寫作維生。

自由這兩個字聽起來不錯，其實經濟上卻是迫在眉梢。一旦沒有工作上門，立刻就斷了收入。所以無論什麼工作，我一概來者不拒。

我寫過糖果合唱團[1]的告別演唱會報導，採訪過色情片女演員（基本上我還不討厭這項工作），也報導過「土耳其浴」（也就是現在的泡泡浴）。身為有家室的人，接下這種工作當然尷尬，不過我並沒有跟女方進房間，而是和樂融融地對飲啤酒。

結果對方竟問我：「您的工作跟黑社會有關嗎？」

「為什麼這麼問？」我反問。她是這麼回答的：

因為「黑社會的人」的太太們多半都在這種地方工作，所以他們出外旅行就算偶爾走進「土耳其浴」，也不會強求女方。他們通常會一起坐下來喝酒。

我因為行為模式一樣，讓她誤以為是「黑社會的人」。這對一介文弱書生的我而言是值得高興的誤會，不免就多喝了幾瓶啤酒。

這件事發生在東北太平洋側的某個港都。

經常拜託我報導色情行業的雜誌社編輯大方地提議說那裡聚集了很多家「土耳其浴」，要我採訪之餘順便旅遊，不妨住個兩、三晚再回來。

這對喜歡旅行的人是求之不得的工作。然而我並沒有跟妻子詳細說明工作內容，只說要到東北港都進行採訪便出門了。當時還沒有東北新幹線，一早從東京出發，抵達港都已經是向晚時分。

走在「唐人街」、「女生宿舍」、「尼姑庵」等看板林立的土耳其浴商店街時，天空開始飄起了小雨，感覺確實淒涼。

由於雨越下越大，我走進了名為「尼姑庵」的店裡，就這樣成為她的客人，被誤認是「黑社會的人」。

現在如何我不清楚，但當時「土耳其浴」小姐的房間絕對不會家徒四壁，接待我的小姐房中有著私人房間那種神秘的香豔氣息，也算是個可愛的房間。

她的房間裡有梳妝台和小冰箱。不知道為什麼還有史奴比的填充布偶。「是史奴比。」我說。她回應：「因為我喜歡狗，夢想有一天能開間寵物店。」

史奴比的旁邊還有糊塗塌客的填充布偶。我說出來後，她驚呼：「連糊塗塌客都知道，你應該是八卦雜誌社的人吧！」立刻修正了剛才「黑社會的人」的猜測。因為被看穿，我只好老實回答「沒錯」。

「那我介紹朋友開的店讓你去報導吧，不用提起我的事。」說完介紹我去附近的一間小酒館。

走出店門，雨勢依然滂沱。

她介紹給我的小酒館距離「尼姑庵」只有五分鐘的路程，等走到時已經渾身濕透。

如果是初夏時節，我通常會先點啤酒來喝。但因為被雨淋得濕透，就點了熱清酒，下酒菜則點了海鞘。

因為「尼姑庵」的小姐告訴我，這個時節的海鞘好吃。海鞘對於來自東北三陸海岸的她而言是美食，但事實上，我是頭一次吃。

和熱清酒一起送上來的海鞘，老實說又苦又鹹，一點都不好吃。我肯定是把表情都寫在臉上了吧。老闆娘笑說：「這位客人是從東京來的吧？東京人是吃不慣海鞘的。」

我怕對老闆娘失禮，硬撐著吃完那盤海鞘。一邊說著「不懂海鞘美味的傢伙，真所謂不識海鞘味」的無聊話，一邊用海鞘下酒。

舉杯暢飲時心想：但願愛吃海鞘的「尼姑庵」小姐早日擁有自己的寵物店。

1．日本女子偶像組合，活躍於一九七〇年代。

# 總是獨酌的前輩

又到了熱清酒好喝的季節。

我年輕時對啤酒一面倒，就連冬天也喝。要喝熱溫酒的時候，一開始還是會交代「先上啤酒」。

年過半百之後，才開始懂得熱清酒的好。尤其拿生魚片當下酒菜時，最適合喝熱清酒。

每當獨自一人到居酒屋點生魚片配熱清酒喝時，就會心想：啊，我也開始變得跟那時候的A兄一樣了。我年輕時喝啤酒，坐在一旁的A兄總是點烏賊生魚片配熱清酒，慢慢吃慢慢喝。

想要幫他斟酒，他卻堅持一人獨酌。那間位在新宿歌舞伎町巷子裡的小居酒屋，老闆和A兄都來自函館，A兄在那裡享用著故鄉的滋味。

那時的歌舞伎町還沒有現在這麼喧囂，有許多能讓成年人坐下來好好喝酒的小店。

昭和四十二年（一九六七年），大學四年級的我沒能考進朝日新聞社，只好耽擱一年，隔年再試。或許是因為當時很少有大學生願意耽擱一年，繼續報考同一間公司吧。面試時被問到「之前見過面」，我回答「這是我第二次報考」，結果就錄取了。

記得七月就確定錄取，後來公司說反正閒著也是閒著，不如先來當實習生，於是從九月開始，我就以工讀生的身分到有樂町的朝日新聞社上班。

我被分發到出版局的校閱部，負責校對《週刊朝日》、《朝日雜誌》、

《朝日俱樂部》等刊物。校閱部是個不到十人的小單位，大半都是匠人般的資深老手，主責的A兄也長年從事這項業務。

或許在電腦普及的今天已經不這麼做了，但當年的校對工作中有一道讀稿比對的作業。

兩人一組，一個人負責朗讀原稿，另一人負責檢查樣稿（校稿）。用這種方式來確認樣稿的內容是否與原稿一致。

朗讀原稿時當然得出聲好讓檢查樣稿的對方聽見。我曾經因此丟過臉，將「廚房」的發音「ㄔㄨˊ房」唸成了「ㄘㄨˊ房」。當時和我一組的就是A兄，立刻小聲訂正說「是ㄔㄨˊ房」。但因為我唸得很大聲，周遭的人都聽見了，甚至隔壁部門的同事還露出苦笑，看起來就像是在取笑說：「這傢伙就是新來的菜鳥吧。」

當下我覺得很丟臉。下一次讀稿比對時，A兄便提議改由他來朗讀原稿。沒想到接下來我又沒挑出錯別字，「泥巴仗」寫成「泥巴戰」、「應對」寫成「因對」都沒能挑出來。每回都遭到其他老鳥的指謫與怒斥，天天過得灰頭土臉。

有一天A兄找我去喝酒。我已經做好被說教的心理準備，然而帶我去歌舞伎町居酒屋的A兄卻介紹說「這裡的酒跟水一樣好喝」，接著便喜孜孜地喝起熱清酒，絕口不提工作的事。那時我才知道有形容酒「跟水一樣好喝」的說法。

之後A兄多次找我一起去這間居酒屋喝酒。下酒菜總是烏賊生魚片，有時也會點當時東京還很少見的多線魚。

他不太談論自己的事。戰後從中國被遣送回國，在函館的母親娘家中成長，小時候還幫母親賣過烏賊……，這些點滴往事則是他偶爾吐露的。

雖然是同一個出版局的刊物，但不同於《週刊朝日》在有樂町的總公司印刷，《朝日雜誌》則是交由市谷的大日本印刷廠印刷。校對也在那裡進行，稱之為「出差校對」。工作從晚上做到半夜，就得吃宵夜。我們會跟附近的壽司店、中菜館、鰻魚飯店叫外送。當時的出版局因為景氣好不會要求節省開支，所以大家都專挑貴的點。我也有樣學樣地點了鰻魚飯和高級壽司來吃。

某天突然發覺A兄每次點的都是價格平實的炒飯，讓逮到機會就故意點鰻魚飯的我感到很羞愧。然而A兄怕其他人覺得尷尬，竟笑著解釋：「我就是喜歡吃炒飯嘛。」他還說只有炒飯家裡做不來，得吃專家炒的才行。

到了四月，我成為正式員工被分派到《週刊朝日》，A兄為了餞別又找我一起去歌舞伎町的居酒屋。儘管天氣已經暖和了，他依然點熱清酒獨酌。

我這個不成材的校對員斟了一杯酒敬他：「不知道今天店裡的ㄔㄨˊ房會

上什麼菜。」A兄笑著回答：「已經是春天了，ㄘㄨˊ房大概很難再端出烏賊生魚片吧。」

# 酸梅裡的「天神」

生長在戰後貧困時代的我們是將竹葉包著的酸梅含在嘴裡當成零食的一代，所以對酸梅有著特殊的情感。

我每天要吃一顆酸梅。梅核一直含在嘴裡不捨得吐掉，因為最後還要咬破梅核取出其中的白色果仁（也就是俗稱的天神），那尤其美味。

二〇〇三年，岩手縣的室根村（現在的關市室根町）舉辦了上山植樹的活動。他們認為想要豐富海洋資源，必須先淨化流進海洋的河川源頭，因此在山上種樹。

我和朋友參加了這項活動。在山上種了一些樹苗後回到村裡，廣場上正在舉辦市集，販賣農民自家栽種的作物，其中就有酸梅。試吃了一口，滋味果然不錯。

從此每到夏天，都會向該農家訂購酸梅宅配到家，算是產地直送的小小奢侈。

他們家的酸梅每一顆都包上了紫蘇葉，說是老祖母親手醃製的。小小一顆酸梅需要花費工夫製作，這就是好吃的秘訣吧。

大學畢業後，我進入朝日新聞社的《週刊朝日》工作，某天下班回家在從小居住的阿佐谷中央線月台上遇到了小學女同學。是她在月台上先叫住了我。

儘管她從來不曾出席同學會，小學畢業也超過十年了，我還是立刻就認出了她。因為她的身材嬌小，和讀小學時差不多高。我們站著寒暄，互相問候彼此的近況。

她高中一畢業就出了社會，在美容院裡工作。畢竟月台上不適合聊天，為了敘敘舊，我邀她一起去喝杯啤酒。

如果是學生應該會提議喝咖啡吧。但那時的我剛出社會不久，才開始領略居屋酒喝酒的樂趣。

站前有一塊類似戰後黑市的街區，聚集了許多小吃店。我們走進其中一間關東煮店。

「這種地方，我還是第一次進來。」她說。端出老鳥架子的我還以為她會幫我斟啤酒，所以將杯子空在那裡等著。然而她卻沒有動作，只是興味盎然地看著店裡，聽到我說「你應該幫我倒酒才對」，才驚訝地向我道歉。我不禁為自以為高人一等的態度感到羞愧。

她在小學的班上並不起眼，個子小，長得也不可愛。大概是被遣返的家庭吧。看起來很窮，似乎沒什麼朋友。以今天的角度來看，或許在女孩子間曾經遭受過霸凌也說不定。

之所以不參加同學會，她在關東煮店裡表示：「因為我在那間學校裡沒有好的回憶。」

之後我又和她見過幾次面。我們去看當時在年輕人間很流行的東映流氓電影時，她會閉上眼睛刻意避開互相砍殺的場面。走出戲院後，我們和往常一樣進入居酒屋。我問她「電影不好看嗎」，她說「我害怕看到有人被殺」，讓洋洋得意帶她來看當紅流氓電影的我感到很抱歉。

那時全共鬥運動[1]正如火如荼地展開。因為任職於報社，每天得到大學採訪全共鬥學生的抗爭狀況。剛畢業的我還未脫學生氣息，自然而然就和他們有了同仇敵愾的心情。

於是和她見面的機會也就日益減少。

最一次見面是在一九六九年一月的東大安田講堂事件[2]之後。我們走進阿佐谷車站附近的居酒屋，我還在為那起事件興奮莫名、趁著酒意喋喋不休地大談學生們如何抗爭、如何對抗強權。

她先是默默地聽，最後突然冒出一句：「這種事我實在不懂，我光是忙自己的生活就夠了。」

她並不是批判學生們的行為，也不是抱怨和學生們沆瀣一氣的我。她只想小聲地表明，參與全共鬥的大學生和自己活在不同的世界裡。

那個晚上的酒喝得很不愉快。事實上從那夜之後，我們就沒再見面，不知不覺間漸行漸遠。不過我仍記得她最後說的一句話：「酸梅裡的天神真是好吃。」

那間居酒屋有提供小小的天神果仁做成的下酒菜。這麼說來，嬌小的她就像是酸梅裡的天神。

1．一九六〇年代後半日本各大學內紛紛成立學運組織，全名「全學共鬥會議」，簡稱「全共鬥」。

2．一九六九年一月十八、十九日，學生爆發抗爭運動，占據東京大學校園。

# O先生與秋刀魚

首次造訪因三一一大地震而蒙受嚴重災情的岩手縣釜石，是昭和四十四年（一九六九年）的秋天，那是我進入《週刊朝日》服務的第一年。

那時日本鋼鐵業界的翹楚八幡製鐵和富士製鐵正式合併，大概是最早的企業合併吧。透過那次合併，超越美國鋼鐵的世界最大型鋼鐵公司於焉誕生。

那固然是好事一樁，卻也有因為合併而衍生的問題。隨著公司規模擴張，擔心會觸犯反壟斷法，所以不得不捨去部份工廠。

將被犧牲的是俗稱「釜鐵」的富士製鐵釜石製鐵廠，員工近五千人。而且在釜石七萬六千人的人口當中，和釜鐵扯得上關係的就多達三萬三千人，將近半數。釜石幾乎可說是仰賴這個企業維生。

一旦新公司捨棄釜鐵，整個城鎮就會立刻消失。而我就是要去報導這個問題。

老實說，我的心情很沉重。一方面對經濟問題不是很在行，又是頭一次去東北。再加上只有我單槍匹馬，連拍照也得自行負責。這對才進公司一年的菜鳥來說是很吃重的任務。

那天搭夜車從上野站出發，我和當時交往的女友難分難捨地在上野車站附近的餐廳喝啤酒道別，情緒十分悲壯。

釜石好遠。

到仙台還算好，過了仙台後就顯得遙不可及。那時當然沒有新幹線，得從花卷轉乘通往釜石的釜石線列車，而那又是各站都停的慢車，車程長達四個小時。

抵達釜石已經是傍晚時分。

既是頭一遭踏上的陌生土地，又想到心煩的工作纏身，自然也就沒有心情喝酒。我獨自坐在日式小旅館的餐廳裡用餐。比起東京，那裡果然寒冷許多，餐廳還擺出了煤氣暖爐。

當時《週刊朝日》的人到地方採訪時，多半有當地的朝日新聞支局或通信局的人照應。畢竟從東京突然跑到當地，也無法立刻進入狀況，若是先跟支局或通信局的人碰面，就能請他們說明問題的大概。

自從四月被分發到《週刊朝日》以來，雖然有三次到地方採訪的經驗，卻沒有留下半個愉快的回憶。到支局或通信局打招呼時，對方總是露出嫌惡的表情，彷彿在說「現在都這麼忙了，東京還派什麼都不懂的菜鳥來」，把我當不速之客看。也難怪他們會有那樣的態度，誰教我來這裡聽取地方記者努力採訪得到的內容，就輕輕鬆鬆地寫成報導，簡直是不勞而獲嘛。

釜石有個通信局，上司叮嚀我要過去打聲招呼。但一想到又會和其他地方一樣被擺臉色看，就不想太早過去。

抵達後的第二天，我決定獨自去採訪製鐵廠、承包的小工廠和商店街的人們。沒想到走到哪裡都被問：「既然是《朝日》的人，O先生怎麼沒有跟著一起來？」從他們的語氣聽來，O先生似乎頗受地方人士信賴。

我覺得還是有必要打聲招呼，隔天一早去了一趟通信局。通信局的規模比支局小得多，裡頭就只有O先生一名員工，將住家當成通信局使用。看在從東京總公司來的人眼中，不禁訝異：「怎麼會這麼小！」

O先生想必是個辛苦人吧。看到從東京來、什麼都不懂的年輕小伙子，真不知道又要被說得多難聽？我已經做好了心理準備。

不料年約四十的O先生走出來時，手上竟牽了個小男孩，說：「我得先帶小鬼去托兒所才行。」我只好跟著一起去托兒所。

聽說O先生的太太馬上要生第二胎，目前在仙台的娘家待產，所以家裡就只有O先生跟兒子兩人。像這種一人通信局，太太可以幫忙接聽電話，也算是重要的幫手。如今連太太也不在家，工作想必更加忙碌。

偏偏挑這種時候上門，我果然是個不速之客。然而人很好的O先生卻接連兩天帶著我在鎮上東奔西走，協助我進行採訪。頭一次獨自在地方進行採訪，能順利完成報導全是拜O先生所賜。

他還帶我去參觀如今已不復存在的釜石名勝——大渡川的橋上市場。市場每家店的老闆和老闆娘都會跟O先生寒暄問候，看來他已經徹底融入地方生活。

最後一夜，O先生邀我到家裡吃便飯。一邊用炭火烤著那年秋天漁獲豐收的秋刀魚，O先生告訴我他出生於釜石，早稻田夜間部畢業後就回到故鄉，進入通信局工作。他還說釜石雖然有製鐵和捕魚兩項產業，但實際還是以前者為主，製鐵廠要是被新公司捨棄，對地方而言將是很大的打擊。就算不至於如此，製鐵廠光是進行人事整併，這地的人口也會跟著大幅縮減。

秋刀魚烤好後，我和O先生、小男孩三個人圍坐在餐桌前吃晚飯。O先生還細心地幫小男孩剔去魚骨。看著做事腳踏實地的O先生，那頓飯的秋刀魚吃起來美味無比。

不久後，在公平交易委員會的斡旋下，釜鐵在新公司成立後仍決定留存下來。這真是太好了。

# 釜山大眾食堂的老闆娘

語。

收到韓國朴順基小姐寄來的夏日問候信，說她仍活力十足地教著兒童英語。

我是在二〇〇〇年第一次造訪韓國時認識她的，此後我們便開始通信，稍微算得上是筆友吧。

那一年我去了釜山影展。

影展的辦公室有會說簡單日語的學生義工，當時就是她主動與我交談。「從日本來的喏」、「今天想看哪一部電影喏」她用這樣的日語問我。

仔細一問原來是在大學學的日語。

「從日本來的嗎」說成「從日本來的喏」，「想看哪一部電影呢」說成「看哪一部電影喏」，聽起來很新鮮也很可愛。

她的日語雖然不夠好，英文卻很流利，說得比我還好。我們之間用英文通信，她的英文信也寫得很好。就像年輕女生會做的事一樣，信文中不時會加上微笑符號。

雖然停留不到一個禮拜，但因為她帶著我和同行的雜誌編輯在釜山市裡到處遊走，使得這趟出差成了意想不到的愉快之旅。

老實說出發之前，我的心情有些沉重。因為我們這一世代的日本人難免會顧慮韓國人的仇日情結，擔心萬一被問到敏感問題該如何是好。過去也曾有過幾次造訪韓國的工作機會，但比起親眼目睹未知國度的好奇心，我總是先被不安打敗而拒絕前往。

小時候在東京杉並區阿佐谷的住家附近有一間朝鮮學校（現在也還在）。那裡就像城鎮裡的特殊場所，小孩的心中根深蒂固地意識到那裡屬於國外，不可以靠近。

然而像電影《奔放青春》（*Break Through!*）所描寫的學生打群架等情形倒是從未聽聞，我想是因為雙方毫無交流的緣故。

在小學五年級還是六年級時，我和朋友們一起去參觀過朝鮮學校的秋季運動會。或許應該說是偷看吧。因為不能進入校園，只能站在圍牆外遠眺。

那是我第一次看到韓服。尤其是高中女生們穿韓服的模樣，簡直讓我們看傻了眼。或許是因為這樣而引起了騷動，被韓國男學生怒嗆滾回去，只好悻悻然地離去。

到了隔天，也不知道事情是如何傳開的，導師告誡我們不准再靠近那所學校。老師們大概也不知道該怎麼對應吧。就像那是個「近在咫尺的遙遠國度」。

朝鮮學校固然是北韓的學校，但在記憶中早已經跟南方的南韓混為一談，畢竟長期以來兩國都是遙遠的存在，在我心中也都敬而遠之。

後來和韓國稍微拉近距離，是因為看了一九九九年在日本上映的韓國電影《八月照相館》（*Christmas in August*）。

過去的韓國電影有著約定俗成的「韓國」風格，但是這部愛情文藝片展現了電影的普遍性，有著小津安二郎、成瀨巳喜男等人的庶民電影中那種寧靜安好的氣氛，很容易讓人進入劇情。

從此我開始喜歡上韓國電影，感覺和這個國家稍微親近了一些。之後便在二〇〇〇年初次造訪釜山。

釜山是座港都，也是大型漁港。港口附近有魚市場，鮮魚店櫛比鱗次。

路邊也有人在叫賣魚貨，一早就擠滿了當地居民，好不熱鬧。

我為了採訪影展而去，看電影和工作之餘也喜歡到港口周圍散步，每天早上都會和同行的女編輯來到附近。順帶一提，人家可是會韓文的優秀編輯，有這樣的旅伴實在是再可靠不過了。

我們發現港口一隅有間小小的大眾食堂。主要客源不是觀光客，而是在市場工作的人們和來買菜的民眾。只靠老闆娘一人招呼生意。

待在釜山期間，來這裡吃早餐成了每天的固定行程。

有白飯、味噌湯，還有泡菜和魚。

這裡的味噌湯放了大螃蟹，滋味鮮美，讓我們願意每天都來報到。可能頭一次有日本旅客上門的關係吧。老闆娘心裡顯然不太樂意，臉上一點笑容也沒有，我們也只好誠惶誠恐地安靜用餐。

到了最後一天，不知道為什麼老闆娘然竟默默地剝了柿子給我們當飯後甜點，不變的是臉上依然沒有笑容。

朴順基小姐在來信中提到，這間食堂已經不在了。朴小姐猜測大概是換到更好的地點營業了，但願是那樣就好。

# 鄉間民宿的盛情

我年輕時經常出國，年過四十後卻很熱衷一個人到日本的鄉下地方旅行。

一個人旅行的好處是可以去那些跟觀光扯不上邊的尋常鄉鎮。小漁港、偏僻的溫泉、整片都是田地的農村、鐵路支線的終點站小鎮，和河口的鄉鎮。

一群人遊走在這種地方對當地人很失禮，一個人則容易融入風景之中，就算踏進小鎮的巷弄間也不會顯得突兀。

從北海道到九州，我走過許許多多的尋常鄉鎮。我說的不是的「城市」

而只是「鄉鎮」。「城市」比較適合歐美，日本的鄉間還是「鄉鎮」最好。

近來似乎已經有所轉變了，但一個人旅行在一九八〇年代還算少見，稍具規模的旅館幾乎都拒收孤身一人的旅客。

還好我對那種旅館本來就沒興趣，大多投宿民宿或是站前旅館。晚餐就到街上的居酒屋隨便打發，只有早餐才麻煩他們準備。

同樣慶幸的是，比起旅館端出量多得吃不完的山珍海味當晚餐，我更喜歡只有海苔、生雞蛋、竹筴魚乾等菜色的民宿早餐，所以住在站前旅館也不是問題。

一個人在這種地方住宿往往會遇見意想不到的日常風景，成為美好的旅行回憶。

某次住在青森縣五能線沿線的漁村民宿，早上正獨自吃早餐時，一個讀小學的男孩走進房間，說了聲「叔叔，打擾了」，接著就從我的飯桶中舀飯盛進他的碗裡。因為是民宿，客人和家裡的人吃的是同一鍋飯。

民宿和站前旅館總不乏長期住宿的建築工人，早上走進餐廳和他們一起用餐時，也會因為獨自旅行很稀奇而有許多被搭話的機會。

住在福島縣只見線沿線小鎮的民宿時，就有修路工人們上前關心「那麼一點菜不夠吃吧」，主動拿出自備的瓶裝海苔醬或袋裝的醃菜與我分享。我永遠難忘那時鋪在熱騰騰白米飯上的海苔醬有多麼的美味。

去北海道奧尻島旅行時（一九九三年，地震襲擊奧尻前夕），投宿在平價的國民旅舍。旅社老闆娘看到難得有單獨從東京來島上的旅客覺得很稀奇，早餐居然端出了海膽多到幾乎看不見飯的海膽蓋飯來。因為淡季又是非假日，客人只有我一人，頓時有種賺到的感覺。餐廳牆上貼的想必是老闆娘創作的俳句吧。其中不乏「驚濤駭浪海，提供旅客美滋味，隨時令變換」等佳句。

新潟縣佐渡島東北方有個名為粟島的離島。顧名思義，是個如粟米般的小島。八〇年代當時，人口約五百人左右。小島以鯛魚聞名，尤其盛產於五月到六月之間。那次我在村上市的瀨波溫泉住了一晚，隔天一早從岩船港搭高速船約一個小時後抵達，立刻造訪港口附近的民宿。因為是平日，沒有訂房也能入住。

順帶一提的是，我乃無約一身輕的文字工作者。雖然這一行在經濟上比較不穩定，但擁有的少數特權之一就是在所有人都忙於工作的平日也能外出旅遊。

那間民宿的老闆是漁夫，老闆娘滿面春風地迎接我說：「我們家可是以新鮮現撈的海鮮而自豪。」

畢竟是座小島，沒什麼觀光名勝。我和鄉公所借了腳踏車，奔馳在外圍約十三公里的島上。沿著山路往上爬時，一會兒遭烏鴉襲擊背部，一會兒被橫臥在路中間的蛇給嚇破膽，享受了三個小時左右的單車之旅。

儘管一路艱難，卻贏得了借我腳踏車的鄉公所職員讚賞：「年過四十能騎完那條山路的只有你。」接著又在島上四處遊走，傍晚回到民宿，一邊看著海一邊喝啤酒，悠閒地享受著旅行的愜意時光。

那天的晚餐很豐盛。

有生魚片、鹽烤和炸魚頭等各式吃法的鯛魚全餐。老闆娘說：「鯛魚是最美的魚。烹調鯛魚時，心情也會變得美麗。」

隔天的早餐也很豐盛，是有粟島美食之稱的木盒煮。在用檜木或杉木薄片折彎成圓形木盒的容器裡放入燒熱的石頭，熬煮味噌和魚，是道充滿野趣的鄉土料理。

前一晚吃的是鯛魚全餐，早餐則是木盒煮。儘管一連兩餐都是豐盛佳餚，離開民宿結帳時，價錢卻比想像中便宜許多。看到我歉然的神色，老闆娘解釋說：

「您昨天傍晚不是一個人看著海喝啤酒嗎？看起來好像很寂寞，讓我心生同情……」

自覺喝得很幸福，看在別人眼中卻完全不是那麼一回事。難怪老闆娘會那麼親切地接待我。

也許在只見給我海苔醬的建築工人、奧尻島上的老闆娘也都是因為我一個人旅行才對我那麼好的吧。

# 想吃頑童哈克的鯰魚

第一次吃鯰魚不是在日本而是美國。

一九八九年的七月底到八月間，我接了電視台的旅遊節目而前往芝加哥一帶旅遊。

對於紐約、洛杉磯等大城市，當時各大媒體已經介紹得很詳細，然而芝加哥和鄰近的愛荷華州，當時在日本的知名度還不是很高。因此也想順道前往中西部，也就是大草原地帶（Grande Prairie）旅遊。

此外，也期待去看流經愛荷華州和伊利諾州、堪稱美國心靈河流的密西西比河。

馬克・吐溫（Mark Twain）的《頑童歷險記》（*Adventures of Huckleberry*）是我兒時最愛的美國小說之一。為了逃離家人的紛擾，頑童哈克和黑人吉姆坐上木筏順著密西西比河而下。那是一個少年冒險故事，換成現在的說法就是野外求生記。過去海明威也說過，美國文學的起點是《頑童歷險記》，可見這本書有多麼受到人們喜愛。

小說中，少年哈克在密西西比河釣到一條鯰魚，就將魚煎來吃（順帶一提，鯰魚的英文是catfish）。

看起來好像很好吃。

從此我就很想嚐嚐鯰魚的滋味。我成長的東京杉並區阿佐谷一帶，沒有任何魚攤賣鯰魚，日本人也不時興吃這種被另眼看待的淡水怪魚。

所以在年過四十初次造訪密西西比河流域的此刻，說什麼都要嚐一次少年哈克吃過的鯰魚滋味。

那是一趟美好的旅行。工作夥伴很好相處自是原因之一。雖說是電視台的工作，但同行夥伴都是來自外部製作公司的年輕人，連同導播、攝影師、收音師和女性聯絡員一共四人。

從抵達芝加哥的第一天起，彼此間就產生了如同家人般的和樂氣氛。這都要歸功於導播Y先生。

他一向認為到國外採訪最重要的莫過於享受每日三餐。無論再怎麼忙，都要花時間好好吃飯，如此才能撫慰夥伴們的工作辛勞，營造和諧的氣氛。這是他從長年的海外採訪經驗中自然而然學到的工作心法。

在旅途中大啖美食。

倒也不是上高級餐廳。我們在採訪這次的主要城市芝加哥時，早晚光顧店的就是便宜又好吃的韓國餐廳，不，應該說是小吃店才對。那是一間很庶民的好店。

然而一來到愛荷華、伊利諾等中西部鄉鎮，老實說就沒有什麼好店了。餐廳盡是牛排，頂多再加上薯條。吃都吃膩了。而且調味單調，牛排對日本人來說分量過大，根本就吃不完。

「就是怕有這種情況，所以我帶來了這個。」經常出國旅行的Y先生拿出來的是一小瓶醬油。的確也是，只要淋上醬油，就算是一成不變的牛排也會變得好吃一些。

看到Y先生如此重視吃，我心想應該沒有問題，於是就在某天提議：「既然來到密西西比河流域，我想嘗試一下頑童哈克吃過的鯰魚料理。」Y先生立刻附議，還在伊利諾州的小鎮找到鯰魚料理的餐廳（和哈克吃的一樣，是以油煎方式料理鯰魚），大家一起在那裡享用了鯰魚料理。

大概包含Y先生在內，其他工作夥伴也都是頭一次吃鯰魚，但大家都一手拿著啤酒，大口吃著魚肉，連聲稱讚「好吃」，神情看起來十分愉悅。

那間店的客人都是黑人，幾乎沒有白人進來。後來黑人告訴我們：在美國會吃鯰魚的都是低收入者。或許就是因為這樣，在店裡大快朵頤的我們才會那麼受到歡迎吧。

採訪之旅順利結束，節目也播出後，Y先生電話捎來令人開心的消息，說是要舉辦慶功宴。

地點在哪裡呢？Y先生說這次旅行印象最深的一餐是吃鯰魚，所以他在東京近郊找了能吃鯰魚的店。真不愧是名導播。

那是在埼玉縣東部名為蓮田的偏遠鄉鎮、一間專門料裡淡水魚的餐廳，座落在元荒川畔。

儘管我們五人都笑說這裡是日本的密西西比河，但吃到的並非煎鯰魚，而是美味的鯰魚鍋。在那之後又過了二十多年，我住在蓮田的友人說那間店依然還在。真想再一起圍爐吃鯰魚鍋。

# 多線魚和流淚老人

在東京吃得到北海道的多線魚，應該是近幾年才有的事吧。記憶中小時候從來沒吃過多線魚。

據說是某個函館出身的企業家，率先將它納入旗下連鎖居酒屋的下酒菜菜單中，才讓多線魚正式進入東京。

如今超市幾乎一整年都有賣剖開的多線魚。肉質緊實、香甜可口，是我愛吃的一種魚。

五十多歲時，每年十二月都會去函館。因為那個時節有影展，我是劇本獎徵選的評審委員。冬日的函館行是我歲暮年終的最大樂事。

這個都市有許多優點。路面電車、市營電車仍在街上奔馳，各地還留有許多大正、昭和初期的現代建築，也有美術館和文學館。因為是座港都，街頭到處都看得見海。

而且市內還有名為「谷地頭溫泉」的市營溫泉。先將行李安置在飯店，搭上市電就能去泡溫泉，感覺很奢侈。

泡完溫泉就想喝啤酒。我常去的是位於函館車站前餐飲商店街裡的T大眾食堂。

雖然位於車站前，但以早市聞名的市場才會擠滿觀光客，這個餐飲商店街都是當地人，一般觀光客是不會造訪的。大概是難抵倒店風潮，許多店家都拉下了鐵捲門，只有這間店隨時門庭若市。大概是因為物美價廉，作風又平易近人的關係吧。

店裡只有長條吧檯和三張桌子。正中央擺著暖爐，充滿了北國風情。因為是大眾食堂，從定食到咖哩飯，菜色應有盡有，還有蕎麥麵和烏龍麵。

可喜的是，玻璃櫃中還陳列著各種熟食，供客人自由挑選。菜色有生魚片、紅燒魚、烤魚、可樂餅、納豆、馬鈴薯燉肉、松前醃菜、醃烏賊肚……，既可以佐飯吃，也能當下酒菜。

一走進店裡，先從玻璃櫃中取出花枝生魚片、紅燒石狗公或燙菠菜等喜歡的菜色，想吃什麼全憑當時的心情，然後坐在吧檯前點啤酒來喝。

三名穿著日式圍裙的中年婦人在廚房裡忙進忙出。這時，其中一名婦人豪邁地建議我：「客人，今天的多線魚很不錯哦！」果然比在東京吃到的油脂豐厚，十分可口，和冰涼的啤酒特別對味。從此只要來到這間店，我就會點多線魚。有時早中晚一天光臨三次，那些婦人一看到我的臉就笑著問：「多線魚嗎？」

某年冬天，我一抵達函館就直奔這間食堂。大概才剛開店，店裡還有空位。我坐在吧檯的角落，一如往常地點了多線魚配啤酒。彷彿是為了吃多線魚專程來函館似的。

接近中午時分，店內的人漸漸多了起來。

突然聽見背後有人粗聲粗氣說：「喂，那是我的位置。」回頭一看，站著一位高大的老人，年齡約八十來歲吧。不只高大，胸膛也很厚實。懾於他的氣勢，我自然而然地起身讓出座位。

看來我是占了常客在吧檯角落的固定座位。儘管被人驅趕心裡很不是滋味，但身為外地人也不敢強出頭。那位老人用玻璃杯愉快地啜飲起熱清酒。之後在店裡經常見到老人，每次都坐在吧檯角落的固定位置上。

他和穿著日式圍裙的婦人們親切地聊著天。

他提到自己的破船沉入海底化為魚礁，又說日文的花枝之所以叫「ika」，是因為叫聲的緣故，由此看來，他應該是名漁夫。對了，函館市內確實有個名為住吉的小漁港。

知道我點了多線魚，老人刻意在一旁大聲地說：「以前的漁夫是不會抓多線這種魚的。」好不容易找到這麼好的大眾食堂，卻遇見討人厭的客人，讓我好生失望。

那年冬天，函館下起了難得一見的大雪。班機上午抵達函館，走進食堂前我祈禱著老人不在店裡。遺憾的是那天老人也在，但沒有坐在吧檯，而是坐在桌前。他邊吃著火鍋邊喝酒。既然吃的是火鍋，就得用到火爐，所以只好離開吧檯坐到桌前吧。他吃的似乎是鱈魚火鍋。

我點了多線魚配啤酒。不經意看向老人時，發現淚水從他的眼中汩汩而出。原來他喝了酒會哭呀。

老人離去後，桌上還留著當地的報紙。我取過來一邊看一邊喝啤酒。社會版上有這麼一則報導：昨日一艘小型漁船因風浪而翻覆。船上的哥哥獲救，但弟弟落海失蹤，哥哥哭喊著：「我弟弟沒救了。」

老人大概是看了這則報導，為同是漁夫的夥伴們傷心掉淚吧。

那一天的多線魚吃起來略帶苦澀。

# 美容院三姊妹

我有段時期會到美容院而非理髮廳剪髮。年過六十後不免覺得難為情，才停止這麼做。

得知男人也能上美容院，是在千葉縣濱海的銚子市漫步那時的事。因為喜歡看海，那陣子經常去銚子。從銚子車站有小型的地方電車可通往位於犬吠崎的燈塔。搭銚子電鐵充滿了樂趣，終點站的外川漁村有著傳統瓦房的街景，引人發思古之幽情。

而且從東京出發也能一日往返。

那天在銚子的小商店街上漫步時，發現有間美容院門口寫著「也歡迎男性入內」。我這才知道原來男人也可以上美容院，便毫不遲疑地走了進去。

因為是上午，我是第一個上門光顧的客人。雖然覺得難為情，但既然走進去了，就不好出來。我在年輕女子的引導下坐上椅子，有生以來頭一遭在美容院裡剪髮。那是很新鮮的體驗。

或許是才開店沒多久，只有我一位客人，三名年輕女性就這麼為我服務。先是幫我洗頭的女性，接著是幫我剪頭髮的女性，最後則是幫我吹整髮型的女性。最後一位女性大概是這裡技術最好的老手，但看起來也不過才二十出頭。

她們三位都長得很漂亮。美中不足的是沒有幫我刮鬍子（美容院似乎不提供這項服務）。不同於理髮廳，洗頭時不是俯身向前，而是面對天花板躺著，挺有趣的。

之後每隔兩、三個月去銚子一趟時，我都會搭銚子電鐵四處遊走，然後去那間美容院剪頭髮。

逐漸和她們熟稔後，話匣子也打開了。她們三人不是銚子當地的人，就是來自附近的城鎮。

這麼漂亮又時髦的女性，就算走在東京青山的街道上也不會覺得奇怪。「不想到東京發展嗎？」聽到我這麼問，三人異口同聲回答：「因為喜歡銚子這個地方，想在自己成長的城市裡工作。」沒想到在以東京為主流的時代裡，竟然還有這樣的女性，讓我不禁有些感動。

銚子這個城鎮以魚產和醬油聞名，在許多店家都能吃到秋刀魚和竹筴魚。我最常去的是車站附近的大眾食堂，可以吃到千葉名菜，也是漁家菜的涼拌生魚碎。

那是將沙丁魚或竹筴魚剁碎，拌入味噌調味而成，當成下酒菜也很好吃。每回到了銚子，我必造訪這間食堂，點涼拌生魚碎配啤酒或熱清酒吃。雖說是小旅行，但只要出門旅行，度過的就是跟平常不一樣的時光。即使大白天就喝酒，也不會有罪惡感。這也是旅行的好處之一。

某天中午時分。

因為是外地人，我挑了個不顯眼的角落坐下，一如往常地點了涼拌生魚碎，啜飲著熱清酒。感覺就像鎮上的退休老人。

來這裡吃午飯的客人很多，店裡逐漸擁擠了起來。獨占一張桌子讓我很過意不去，但當地人看到我這個陌生人大白天的就在喝酒，都敬而遠之，沒有人想和我併桌同坐。

我覺得很困擾。彷彿自己被視為囂張跋扈的外來客，還在平日的白天裡大肆喝酒。正當我覺得坐立難安之際，三名年輕女性走進店裡。就是在美容院工作的那三個人，想必是輪流出來吃午飯吧。

她們看見我的瞬間稍微有些遲疑，但立刻放心似的坐下來跟我同桌。我原本像漂浮在店裡似的渾身不自在，這才鬆了一口氣。

正當我顧慮到大白天的，只有自己一個人在喝酒時，總是在最後幫我吹整髮型的那名女性突然為我倒酒。頓時，沒有小孩的我就像讓女兒斟酒一樣高興。

我後來和她們聊了一陣。她們說：「讀高中時想學會一技之長，便毫不猶豫地選擇了美容院的工作。」也聊到「平均一個月會去東京逛街購物一次，可是東京的人實在太多，我一點也不想住那裡。還是鄉下地方比較好。」

不久她們點的餐送來了，三人吃的都是烤魚定食。仔細一看，是秋天捕撈的秋刀魚。

我一邊喝著酒，一邊不經意地看著她們享用秋刀魚定食。令人驚訝的是，三人都很會吃魚。動作俐落地將魚骨挑開後才吃魚肉，最後盤中只剩下魚骨。因為從小是在漁村長大的女性，才擁有這種本事吧。吃魚的手法如此漂亮，不禁讓人深深讚嘆。

# 甲州的海豚肉

又到了綠意盎然，適合散步的季節。

最近我很享受中央線之旅。其實也不是什麼大不了的旅行，而是一日往返，就像散步的延長。

從中央線的高尾搭各站都停的慢車，終點站通常不是大月就是小淵澤。高尾的下一站是相模湖，接著依序停靠藤野、上野原、四方津、梁川、鳥澤等小站。

某天我突然靈機一動。

何不每一站都下車走走？一天去一個站、走進一個村鎮。雖然盡是與觀光無緣的地方，漫步其中時，卻能感受到悠閒寧靜的鄉居生活，應該會很好玩。

上野原的舊甲州街道旁有條古老的商店街。四方津站前只有一間便利商店，頗為寂清，但不知道為什麼，走進山路竟有間壽司店，我在那裡點了鹽烤香魚配啤酒吃。

就這樣，我沿站旅行。先是從高尾到大月，每一站都下車出站走走。目前則在挑戰大月到甲府。山本周五郎的出生地初狩，有著鄉野風情的溫泉。穿過大日影隧道到另一頭的勝沼葡萄鄉站，在月台上眺望一整片葡萄園，景觀壯闊迷人。

接著從這裡到鹽山站，中央線會繞一個很大的彎，整片甲府盆地就在眼前鋪展開來。人稱日本三大車窗美景，是北海道根室本線上的的狩勝嶺、長野縣篠井線行經的善光寺平原和熊本線肥薩線穿越的矢岳。真想將這中央本線的勝沼葡萄鄉也名列其中。

鹽山車站步行約十五分鐘有一條小溫泉街，大多數遊客都會到旅館泡一下溫泉再當日往返。洗過溫泉後，搭上回程車前，坐在站前食堂喝的啤酒十分美味。

最近喜歡上鹽山前三站的春日居町，是個無人小車站。只有兩座相對的狹長月台，連個車站的主體建築都沒有。車站前也沒有任何商店，反倒有個剛設置沒多久的泡腳池。

這裡最棒的是，一下車眼前就是富士山。不是從靜岡縣看到的高大富士山，而是僅露出山頭的小富士山，別具一番幽情。

望著那樣的富士山，一邊在農村裡漫步，放眼所見都是葡萄園。從前的養蠶人家還保有昔日風貌，小路旁的溝渠有潺潺清淺流過。富士山右側是頂戴白雪的南阿爾卑斯群山。

一說到山梨縣就想起葡萄，但水蜜桃其實也是名產。笛吹市以全日本產桃量第一聞名，春日居町的葡萄園間也種有桃樹。

四月來此一遊時，就在盛開的桃花樹下看見三個小學生打開便當享用。是姊姊帶著兩個弟弟吧，小姊姊照顧一雙弟弟的身影真是可愛。

說到山梨縣的美食，麵疙瘩和燉鮑魚固然有名，不過最近從在山梨大學任教的友人口中得知一項意外的食物。

居然是海豚。

這的確令人難以置信。據說對從前不靠海的山梨而言，海豚肉是重要的蛋白質來源。

其實幾天前，我在春日町站下車後，先去參觀了根津紀念館。那原是東武鐵道社長、人稱鐵道王的根津嘉一郎老家（富農）。之後一路往隔壁的山梨市站走。那站因為有快車停靠，車站前的商店很多。我看到超市就走進去逛逛，結果驚訝地在肉品架上看見海豚肉。

上面的產地寫著來自岩手，一盒售價約五百日圓。詢問店家吃法，說是和牛蒡一起煮，用味噌調味就很好吃。

不試一下怎麼知真章。我買了一盒回家，隔天試著做看看，就像用海豚肉煮味噌湯那樣。

肉質有些硬，味道也不太一樣，但湯頭香醇可口。

以前有部名為《碧海騰蛟龍》（*The Day of the Dolphin*，一九七三年），是喬治・C・史考特（George Campbell Scott）主演的美國片。那是一部描寫海豚有多麼聰明可愛的電影。一想到電影中的海豚，我就不忍吃海豚肉。

前些日子和年輕朋友小酌時，聊到了山梨縣的海豚肉。來自青森縣的青年說他們家（住在山上）以前也經常吃。既然山梨市站前超市賣的海豚肉產自岩手縣，或許在東北吃海豚肉也很稀鬆平常吧。

但更令我吃驚的是，來自前千葉線銚子的青年說，他小時候也經常吃海豚肉。一個有豐富海產的漁港居然也是如此？日本的飲食文化還真是深奧。

# 消失的店

長年愛用的文具消失了。

幾年前，愛用的自動鉛筆不見了。某天到附近的文具店去買，發現架上居然沒有，跑了好幾間都沒有找到。一問才知道已經停產了，我覺得很失望，有種跟不上時代的感覺。

順帶一提，我至今還是用手寫稿。所以自動鉛筆、鉛筆是很重要的生財工具。愛用的產品就這麼消失了，讓人愕然不已。

接著是長年愛用的筆記本從文具店裡消失。因為是長銷品，我就大意了，誰知竟也從市場上失去蹤影。早知道就多買一些囤著備用了。但事已至此，想再多都於事無補。我越發覺得自己是跟不上時代的人。

不只是文具。對於一個不打高爾夫球也不賭博的人，所剩無多的興趣就只是是在小居酒屋裡靜靜地小酌一番，但偏偏這三年來，喜歡的居酒屋接連少了三家，讓人好不遺憾。

其中一家是東銀座歌舞伎座旁的M店。雖然是間蕎麥麵店，但也供應酒。這裡的酒很好喝，尤其是熱清酒，味道純淨爽口。據說是老闆認識的東北酒廠特地為店裡釀造的。

這間店的下酒菜也很好吃。除了蕎麥麵店必有的海苔和魚板外，要是早點上門光顧，還有機會吃到菜單上沒有的紅燒鯛魚下巴。有幸吃到就覺得幸福，最後再點的蕎麥麵更是好吃得沒話說。因為是間小店，獨自上門總覺得有些尷尬，最好和朋友一起來喝。

消失的另一家居酒屋是位在神保町的I店。這裡也是間蕎麥麵店，但下酒菜豐富，尤其二樓每到夜裡，就變得如同居酒屋。

不過畢竟是蕎麥麵店，晚上打烊得早，喝酒的氣氛相對安靜。一張大桌子適合三、四個人喝酒，有時也能當臨時會議室用。

消失的第三家店是淺草的M店。

這裡有著傳統老店的風格。他們老派地認為喝酒就該安靜地喝，於是規定一個人最多只能點三盅酒。所以不會有人喝醉，也不會有鬧事的客人。

東銀座的M店和神保町的I店都不方便一個人去，倒是這間店的店面大，即使一個人也很容易上門。實際上，這裡單獨造訪的客人也很多。老人家安靜倒著酒盅享受獨處時光的模樣，別有一番風情。

或許是上了年紀的客人居多的緣故吧，下酒菜是裝在小碟子裡的關東煮、醋溜味噌土當歸、醃烏賊肚等。三十出頭第一次造訪這間店時，覺得自己好像也成了大人。真是一家有格調的店。

愛用的文具消失了。長年光顧的居酒屋消失了。正覺得寂寞時，最近一位年輕的女編輯介紹我一家不錯的居酒屋。

就是麻布十番的M店。

這裡跟我以前常去的那三間店完全不一樣，是適合年輕人來的居酒屋。要是只有我一個人，大概不會走進來吧。那天在六本木的電影公司看完試片後，偶然碰到的編輯T小姐帶我來到這家店。

地面鋪著木頭地板，又因為地緣位置的關係，店裡的外國人很多。起初我有些後悔，以為來到一間奇怪的店，沒想到坐久後竟意外地覺得舒適。

首先雖然是位在新興鬧區的麻布十番，店裡卻有賣東京傳統居酒屋常見的Hoppy汽水。

「噢，沒想到在麻布十番也能喝到Hoppy。」我不禁高興起來。甚至連難得一見的黑色Hoppy也有。店家的外觀新潮，內部卻挺有品味的。

關於麻布十番，我有段酸酸甜甜的回憶。

中學和高中讀的是這附近的學校。高中時，我喜歡上一位在上學路上常遇到的女學生。她住在十番，為了和她在放學回家的路上「不期而遇」，我經常在這一帶閒逛。當然，我們之間完全不曾交談過。

去M店時就會想起這樣的青春往事。

M店不適合一人獨自前往。

來這裡時，我會邀熟識的編輯或朋友，三人左右同去是最合適的吧。店裡有個可愛的女店員。她生了一張娃娃臉，起初我還以為是念高中的工讀生。

她為人有禮，對客人也很親切，還做得一手好菜。某次我點了煎蛋卷，沒想到十分可口。聽到我忍不住讚嘆「好好吃呀」，她高興地笑說：「是我做的」。感覺就像女兒做給我吃似的。

現在每次去那間店，我都會點這道菜。

# 輯 三

妻子突然大喊：「我知道了，為什麼你不喜歡這間店。因為雞肉太大塊了。」

# 一人旅，一人食

我曾經喜歡旅行卻無法成行。因為妻子罹癌，我必須在一旁看護。當時不是旅行的時候。

在這之前，我一個月會出門旅行一次，住一、兩個晚上才回家。因為喜歡搭火車旅行，十分享受地方鐵道之旅。妻子比起國內更喜歡海外旅行，所以地方鐵道之旅都是我一人成行。

得知妻子罹癌是在二〇〇六年秋天。那年夏天我們夫妻倆難得一起在國內旅行，就在去了北海道旭川動物園後，馬上展開抗癌生活。我希望盡可能陪在妻子身旁。

那豈是旅行的時候。想到以前之所以能獨自出門旅行，都是有妻子在家守候，不禁由衷感謝妻子的付出。

二〇〇八年六月十七日黎明，妻子過世了。

接下來是一陣忙亂，準備喪事、辦喪禮、處理各項事宜，還得變更妻子名下的存款等文件。

老實說我很驚訝，人死後居然有這麼多煩人的事需要處理。前後不知道跑了多少趟區公所、銀行和郵局，連哀傷的時間也沒有。

也沒有多餘的心思去想旅行的事。

就在這個時候，某旅行雜誌的編輯提出邀約，問我想不想去旅行，希望我寫篇遊記。那是三天兩夜的一個人地方鐵道之旅。

就在妻子過世剛滿三個月的時候。

起初我以「還在服喪」為由婉拒，覺得只有活著的自己享受旅行樂趣，似乎很對不起妻子。

但編輯還是溫暖熱情地勸我：「出去旅行多少也能轉換一下心情，這一陣子你也辛苦了。」

於是十月，我毅然決然地出發去旅行。

因為是地方鐵道之旅，我選了以前就很想搭的山形縣山形鐵道的百花長井線（赤湯－荒砥）和佐澤線（山形－佐澤）。前者曾出現在賣座電影《搖擺女孩》（*Swing Girls*，二〇〇四年）中，因而廣為人知。

第一天搭乘長井線，直到終點站的荒砥才下車。我在小鎮上漫步，走進食堂吃了碗豬排蓋飯，再搭長井線回到赤湯，轉乘奧羽本線前往米澤，當晚就近住在小野川溫泉。

那是一間小小的旅館。因為是平日，只有我一個客人住宿。預約時店家告訴我附近有間食堂，可以去那裡用餐，於是決定到食堂吃晚飯。

在旅館卸下旅行裝束，去泡鎮上的露天澡堂。仰望星空時突然淚流滿面，我自己也覺得很困惑。不禁想起久保田萬太郎的俳句：「驀然回首時，今日不見夥伴影，露濕羊腸徑。」

旅館介紹的那間食堂很小，與其說是以觀光客為對象，更像是當地居民會去的店，充滿庶民風情。

翻閱菜單時，上面有一道「隔壁的豆腐」。好奇問老闆娘那是怎麼樣的菜色，她說是隔壁豆腐店做的豆腐。

愛吃豆腐如我豈能放過。於是請店家做成湯豆腐配熱清酒吃，感覺心頭也稍微溫暖了起來。

隔天搭乘米澤開往山形的左澤線，在終點站佐澤下車後，到鎮上走走。

這個緊鄰最上川的城鎮因水運而繁榮，是個安詳幽靜的城市。在站前蕎麥麵店點的鄉村蕎麥麵真是好吃。

聽說近郊有座古剎慈恩寺，便驅車前往。山上到處都建有寺廟，換言之整座山就像是一座廟。原本就是幽靜的地方，加上又是平日，所以幾乎不見其他遊客。端正好心情走進大殿，雙手不由自主地合十祈福。妻子過世後，我變得經常參拜寺廟神社。

那天晚上，我投宿在左澤線靠近中間段的寒河江，那裡也是櫻桃的知名產地。將行李安置在飯店後，便前往入夜的街頭。因為不知道要去哪間店，我四處遊走，最後走進一間小居酒屋。

在沒有任何資訊的情況下選擇這間店，事後證明是對的。那是一對夫妻經營的小店，因為有吧檯的座位，也歡迎一個人上門的客人。

先點了啤酒，再慢慢翻閱菜單，發現有秋刀魚的生魚片。又是秋刀魚肥美的季節。最近秋刀魚也漲價了，不過從前人們常說，肯賣秋刀魚生魚片的居酒屋肯定是有良心的好店，因為得花工夫處理又不能將價位定得太高。

於是我立刻點了秋刀魚生魚片。果真和熱清酒很對味，十分好吃。老闆又送上一盤炸物，我納悶道：「奇怪，我沒有點這道菜呀。」原來是炸秋刀魚骨，點秋刀魚生魚片附贈的。老闆說：「丟了可惜嘛。」

我在東京的居酒屋從來沒有遇到這種好事。老闆不著痕跡的一番用心讓美酒更加香醇。我深深覺得出來旅行真好。

# 烤肉店的牛排骨湯

開始靠著一枝筆桿爬格子維生是在一九七七年。

不得已離開朝日新聞社的工作後，先是投身一家小型編輯事務所。但因為工作得很不習慣，毅然決定獨立，成為自由接案的文字工作者。

當時才三十出頭，如今覺得幸虧當時辭掉了工作，但那時心中充滿了種種不安，不知道往後光靠自己一人能否存活下去。

當時的大前輩S兄不時鼓勵我，或許本人已經不記得了，但他曾給過我許多寶貴的建議。

我還在事務所裡工作時，儘管知道不應該，卻還是私下接稿賺外快，也就是兼差寫稿。

該不該辭掉事務所的工作？正當猶豫不決的時候，S兄給了我很實際的指點。

「那還不簡單。當外快賺來的稿費跟事務所給的薪水一樣多時，你就辭職吧。」

他的這番話真的很有幫助。等到稿費終於跟薪水一樣多時，我便毅然決然地辭去工作。雖然覺得很對不起事務所的夥伴們，但為了生活我也是不得已。

當時寫的文章有影評也有書評，也就是所謂的腳踏兩條船。究竟該專精於那一方，我很困惑。當時大前輩S兄又給了簡潔明快的答案：

「兩種都寫呀。自由接案就是要『多角經營』才好。」

S兄還說出一句自古相傳的諺語。

「上帝關了一扇門，必定會再為你打開另一扇窗。」

雖然是老生常談的一句話，但開始自由接案後不免感觸良多。雖然被朝日新聞社「關上」了一扇門，但一發出開始自由接案的訊息後，意外有不少報社、出版社的編輯為我「開窗」、跟我聯絡，給了我許多寫稿的工作。果真是天無絕人之路，不禁讓我想雙手合十感謝出版界的溫情。

那是婚後的第四年。

關於自由接案的事，當然也跟妻子商量過。小我七歲的妻子在原宿公寓裡一家小型時裝公司擔任設計師。因為薪水比我多，看我心不甘情不願地到不喜歡的職場上班，再臭著一張臉回家，反而贊成我自由接案。

就像吃了顆定心丸似的，原本擔心收入會不穩定，多虧了妻子的工作。儘管內心覺得過意不去，仍決定接受她的好意。

妻子當時還不滿三十歲，工作十分認真。每天一早出門上班，忙到深夜才回家，有時還得到外地的縫製工廠出差。

因為自由接案的緣故，我多半成天待在家裡，坐在書桌前爬格子。雖然也是在工作，但一想到妻子在公司奮力打拚，自己卻窩在家裡享福，就覺得內疚。

當時還沒有徹底實施周休二日制，妻子周末也得到公司上班。所以每周就只有星期天是我們夫妻倆都能喘口氣的假日。然而我們沒有錢，又因為當時住在三鷹，頂多只能到附近的井之頭公園、神代植物園走走。

最大的樂趣就是在散步後到附近的烤肉店用餐。不是什麼豪華的店，而是那種很常見，由夫妻倆經營的小烤肉店。

在那裡喝啤酒、吃烤肉，對沒有生小孩的夫妻而言是每周一次的享受，同時也是奢侈。年過六十的我現在已經不那麼想吃烤肉了，但那時候還年輕，覺得烤肉簡直是人間美味。那間距離住家走路約十分鐘的小烤肉店，如今已經不復存在。或許愛去那家店，是因為開店的夫妻跟我們的年齡不相上下的關係吧。

大概是工作得太賣力了，那時妻子突然發高燒病倒。我六神無主，不知該如何是好。

因為平常吃飯都由妻子打理，一時之間我不知道該吃些什麼，也不知道該給妻子吃什麼才對。

臨機一動，奔向常去的那間烤肉店。聽我說完原委，老闆娘說：「這樣的話喝湯比較好。」便將熱騰騰的牛排骨湯裝進保溫罐給我。真是太感激了，多虧她的熱湯，妻子休息了兩三天便恢復健康。

# 細細切才好吃

愛吃醬菜的我有一項小小的奢侈，就是定期向京都大德寺附近的T醬菜店訂購醬菜。那間店的主要客源並非觀光客，是間備受當地居民愛戴的殷實店家。

介紹我去這間店的是作家出久根達郎先生。因為實在太好吃了，只要吃過這裡用京都蔬果醃漬的醬菜，別處的醬菜就無法滿足自己的味蕾。

一早起床，用朋友送我的砂鍋煮飯，煮味噌湯、切醬菜。身為自由業的我不同於上班族，早餐可以悠閒地吃。

我習慣將醃白菜、紫蘇醬瓜切成細末。

「哎呀，又切得那麼細。」

彷彿又能聽到妻子在某處嘲笑我。

妻子在二〇〇八年六月因食道癌病逝，得年不過五十七歲。作夢也沒想到，小我七歲的妻子會這麼早去世。

因為沒有小孩，自從妻子走後，我始終獨自生活。煮飯燒菜都得自己來。三餐之中，我尤其重視早餐，一定會吃納豆、蔬菜、烤魚和煎蛋卷等菜色。

放進味噌湯和納豆裡的蔥花也習慣切碎。

「又切得那麼細。」彷彿又能聽見妻子的笑聲。

我喜歡切得很細的東西。

不管是醃黃蘿蔔、雪裡紅，還是放進味噌湯裡的豆腐。

我最愛將夏天吃的醃黃瓜和嫩薑切成末，再撒上柴魚片，這樣做成的小菜十分下飯。

新婚期間，因為醃黃蘿蔔切得太大塊，我還曾向妻子抱怨：「這麼大塊的醃黃蘿蔔，我吃不下。」妻子回應：「這是正常的吃法啊。」

於是我才知道，喜歡將醃黃蘿蔔切得細碎的我原來是不正常的。就連放進味噌湯裡的豆腐，我說「切小一點」，妻子也回應「這才是正常大小」。說得誇張點，這簡直是文化衝擊。

「你是老么所以被寵壞了，所有東西都愛切得細細碎碎的。」妻子如此推測。因為怕小孩子吃不下太大塊的食物，有的父母會將菜切小、切碎，甚至先將魚肉夾好。妻子認為我還沒有脫離那種習慣，始終拿我當小孩子看。

婚後我們住在三鷹。

周末夜晚常去隔壁站吉祥寺的一間烤雞肉串店小酌。來自愛知縣一宮市的妻子來東京讀美術大學時，曾寄住在女性友人在吉祥寺的租屋處。就是那時候知道有這間烤雞肉串店。

妻子很喜歡那間店，我則覺得還好。某天妻子看著總是一臉興趣缺缺的我，突然大喊：

「我知道了，為什麼你不喜歡這間店。因為雞肉太大塊了。」

聽她這麼一說，我才恍然大悟。這間店的烤雞肉串上，每一塊雞肉都切得很大塊，就連雞肉丸也像麻糬一樣大顆。

照理說，一般客人都會覺得肉越大塊越好吧。可是看在喜歡小東西的人眼中，一點也不覺得好吃。

但知道原因之後，住在三鷹那段期間，我們夫妻倆就更常光顧那間店了。當我忙著將雞肉從竹籤取下撕成小口吃時，眼角餘光總能瞥見妻子大口嗆著整串雞肉。

喜歡下廚的妻子經常挑戰各種新菜色，卻在得知我愛吃三色飯和石鍋拌飯時難掩失望神色。

「這種東西根本不叫料理。」

儘管嘴裡這麼說，她還是經常為我準備三色飯和石鍋拌飯。某天她又大喊：

「我知道了，為什麼你會喜歡三色飯和石鍋拌飯。因為蛋、肉和紅蘿蔔都切得碎碎的。」

聽她這麼一說，我又恍然大悟了。

不久後妻子大概也認輸了，從此不論是醃黃蘿蔔、雪裡紅還是廣島菜，都幫我切得比平常更細碎。

就連我要求咖哩飯裡的馬鈴薯和大蒜要切得更小時，她也不再面有慍色。

以前家事全都丟給妻子做，我只要專心工作就好。

如今只剩我一個人，家事得自己打理才行。

早上起床後，準備早餐、洗衣服、打掃、買菜……，忙東忙西之際已是中午時分。活到這把年紀才知道做家事的辛苦。

而且直到現在我才明白：

把醬菜切得比平常細碎，其實是很花工夫的事。

# 小實喜歡的菜

二〇〇九年二月底，我收到以前住在同一棟公寓的鄰居Y女士來信。

說是從朋友那裡得知妻子過世的消息，之前並不知道所以很詫異，也很抱歉這麼晚才寫信表達弔唁之意。

同時還附上Y女士女兒小實寫的信，說她馬上就要升小學五年級了。信上寫著：「阿姨做的菜很好吃，我最喜歡炒牛蒡絲和馬鈴薯沙拉。」現在Y女士一家人住在橫濱。

Y女士是特約編輯，她先生也任職於出版社。女兒小實是獨生女，那個時候還在讀幼稚園。

因為喜歡貓，她經常來看我家的貓。我們住的公寓本來是允許養寵物的，不料住戶中有個囉嗦的女人討厭貓，管委會才規定禁止飼養。

我們家原本就養了貓而不受此限，但小實家是在禁止飼養後才搬來的，所以無法養貓。

喜歡貓的小實三不五時會說「我要看貓」，就跑來我家玩。我家的貓當時已是高齡十五歲的老貓（公暹羅貓），起初被小實摸來摸去顯得很不習慣，久了也就溫順地發出咕嚕的叫聲。

她在小學一年級時，曾經為了圖畫作業跑來寫生我家的貓。整整花了一個小時用蠟筆描繪出老貓蜷曲身體睡覺的樣子，那專注力實在驚人。

小實名叫實稚惠，是個很有禮貌的孩子。來看貓時一定會事先打電話，回去時也會鞠躬行禮說「謝謝」，可見家教很好。

由於父母都在工作，小實傍晚經常得當鑰匙兒童。因此妻子告訴小實，隨時都可以來家裡玩。

有時Y女士工作太忙，小實會來我家吃妻子做的晚餐。沒有小孩的我們很歡迎小實來家裡。

在我家吃晚飯的隔天，信箱必定會留下一封信。她用鉛筆在卡片上寫著「謝謝」，並畫上昨天吃的蛋包飯或漢堡。

妻子於是更加起勁地為小實準備合適的菜色。一如實稚惠這個如今已不常見的古雅名字，小實喜歡吃日本菜，她總是連聲稱讚「好吃」，大塊朵頤妻子做的茶碗蒸、筑前煮[1]。

她們家早上也常吃白飯和味噌湯，她還說自己喜歡吃納豆。愛吃納豆的小孩如今恐怕不常見了吧。

小實來我家吃晚餐時，我習慣坐在一旁小酌。看著小實的笑容喝下熱清酒，別有一番滋味。

某次妻子做了炒牛蒡絲和馬鈴薯沙拉給我當下酒菜。小實很好奇地端詳著那兩道菜，說是頭一次看到炒牛蒡絲。

聽到妻子說「吃吃看吧」，起初她還有些疑惑，但吃過一口後就大讚：「脆脆的很好吃。」喜歡吃炒牛蒡絲的小孩恐怕也很少見吧。

不久，偶然在電梯裡遇見Y女士，她笑著說：「我們家的小孩在川本先生家吃到炒牛蒡絲和馬鈴薯沙拉覺得很好吃，居然要我也學著做。」聽說Y女士後來果真來問妻子做法。

升上小學五年級的小實之所以在信上提到「我最喜歡炒牛蒡絲和馬鈴薯沙拉」，就是因為這麼一段往事。小實還記得妻子做的菜，讓我意想不到地驚喜。

一個人生活後，有時會上大眾食堂或居酒屋點炒牛蒡絲和馬鈴薯沙拉。可惜味道就是差了點，在超市買現成的熟食也不好吃。

有一天我突然發現原因何在。因為大眾食堂、超市做的炒牛蒡絲，從做好到賣出已經過一段時間，所以都放軟了，沒有小實說的「脆脆」口感。馬鈴薯沙拉也是涼了就不好吃。

後來朋友教我炒牛蒡絲的做法，我試著如法炮製。即便是廚房菜鳥的我也能炒出清脆口感，感覺味道不錯。於是在給小實的回信上寫下：「叔叔也會炒牛蒡絲了。」

1．筑前為福岡古地名，這道以雞肉和根莖類蔬菜燉煮的地方菜已成為日本的傳統家常菜。

# 不簡單的炒飯

二〇〇九年四月，我去京橋的畫廊觀賞畫家谷川晃一先生的「靜物・船・鄉愁」新作展。

很高興谷川先生能打起精神繼續創作，谷川先生的太太是畫家宮迫千鶴女士。

二〇〇八年六月，妻子過世幾天後我翻開報紙，很驚訝地看見宮迫千鶴女士的訃聞，據說也是癌症病逝。

谷川先生過去曾為我的書畫過封面，宮迫女士也曾受邀替我寫了篇川本三郎論。我很想出席喪禮，但因為妻子的喪禮才剛過不久無法成行。

於是我寫了一封弔唁信。之後接到谷川先生來電，那句「我願意代替她先走」，讓人動容。谷川先生想必也在宮迫女士瀕死的病榻旁經歷過痛苦的掙扎吧。

那樣難過的谷川先生總算也重新振作，舉辦新作展，我想前去表達祝福之意。畫作中有幅作品雖然將模特兒變了形，仍看得出是宮迫女士。她在船上微露出半張臉。

「這是宮迫女士嗎？」我問，谷川先生略帶羞赧地笑了笑，點點頭。接著我又問：「三餐都如何解決？」這是一個人生活後必須面臨的重大問題。只見谷川先生微笑地回答：

「我年輕時在法國餐廳做過廚師，做飯對我而言不是問題。即便是宮迫健在時，也多半都是我下廚。」

情形跟我家不一樣。我不禁羨慕起谷川先生。不知道他都做些什麼菜色？谷川先生住在伊豆高原，那裡的蔬果、魚蝦都很新鮮，肯定能做出好菜吧。

雖然跟在法國餐廳做過廚師的谷川先生不能相提並論，我讀大學時也有類似的幫廚經驗。因為是窮學生，除了家教外也做過各種打工。

類似的幫廚經驗是在青山一家賣中國菜的小型俱樂部裡打工。一開始是當服務生，後來店長說廚房需要幫手，我便利用當服務生的空檔去幫忙洗盤子、切菜。中國菜大都以鍋快炒，將事先準備好的蔬菜、豆腐和肉等丟進鍋內一炒就能做出一道菜，不像日本料理那麼費工夫。

總以為做中國菜很簡單，不料有一天店長突然要我炒飯給所有員工吃。過去在廚房看過大廚怎麼炒飯，我也就有樣學樣，但做出來的成品卻很失敗。沒有炒飯該有的那種粒粒分明的口感，幾乎全糊在一起。還以為炒飯沒什麼，其實大錯特錯。

我從此被認為缺乏做菜天份，又被派回去當服務生。這間俱樂部的服務生在服務客人時得跪在地板上，簡直就像是我的處境。

我覺得很羞辱人，一開始做得心不甘情不願。可能是表現在臉上吧，還被自以為高高在上的客人罵過。

這間俱樂部因為地緣關係，經常有藝人上門。店雖不大，反而有種與世隔絕的隱密感，所以常有試圖避人耳目的藝人光顧。

某天晚上，一名漂亮的年輕女子來俱樂部。一看就是偷偷摸摸的樣子，坐在角落陰暗的位置，好像在等人。

她是當時在武智鐵二執導的電影《白日夢》中，大膽裸露引發話題的M女星。我因為看過那部片，上前服務時心臟跳動得很厲害。

只有這個時候我對跪在她面前不以為苦。送她點的酒過去時——忘了是琴費士還是琴通寧，我也很緊張。

後來她等的男性現身了，是當時知名的中年配角演員A。我猜他們有婚外情，如今我腦海中還能浮現兩人坐在俱樂部角落偷偷喝酒的畫面。

現在我早上會用砂鍋煮飯，中午常常用剩飯做炒飯。我仍遵守青山俱樂部廚房裡豪爽的中國大廚教我的秘訣。

秘訣之一是油不能放多。他說：「日本人炒飯時總是放太多油，所以飯容易糊在一起。」

秘訣之二與蛋有關。通常炒飯用的蛋會在炒飯的同時倒進鍋裡，青山俱樂部的大廚說那也是造成飯粒相黏的原因。為了避免那種情況，可以先將蛋炒好，之後再倒進白飯。

如此做出來的炒飯，我自己覺得還可以，下次想請谷川先生嚐嚐看。

# 妻子的剩菜料理

「多到吃不完，整顆西瓜難消受，可憐單身漢。」

這是永井荷風的俳句。雖然荷風結過兩次婚，但兩次都沒能圓滿，所以「單身漢」的日子過得久，經常得自己做飯來吃。

那樣的人自然吃不完「整顆西瓜」，難怪會剩下。

妻子過世，我成了「單身漢」後，對於荷風的這首俳句尤其能感同身受。將「西瓜」二字換成「南瓜」、「紅蘿蔔」、「蘿蔔」也都通。

畢竟年過六十好幾，食量已經不像從前那麼大了。最近超市以單身族為訴求推出了小包裝蔬果，但每包還是有三、四顆大番茄或馬鈴薯，實在是吃不完。

光是一條蘿蔔或紅蘿蔔，就夠讓我傷透腦筋了。結果吃不完放進冰箱裡過期的東西越來越多，只好每個禮拜一次，一邊在心裡叨唸著「好可惜」一邊將那些食物丟掉。

有時就連朋友餽贈的松阪牛肉，也是等到在冰箱放到乾掉了才想起來，儘管萬般不捨，還是只能丟掉。

這種時候，就會想起妻子做的菜。

妻子常用剩下的、多出來的食材做菜給我吃。當然不是什麼高級大菜，只因為丟了可惜，便想方設法地努力做成一道菜。沒想到還很好吃，至今仍讓我十分思懷念。

例如提煉味噌湯所需高湯後剩下的昆布，她會收集起來到一定分量，再用高湯煮至軟爛做成滷菜。視季節還會加入陽台盆栽裡種的山椒葉和果實。明明是早已貢獻出精華的昆布，卻依然美味可口。

豆腐很容易壞。

還好家裡附近有很好的豆腐店，每天早上都能買到新鮮的豆腐。有時豆腐沒用完，放著很快就逼近食用期限。

這時妻子會做炒豆腐。豆腐先下鍋炒，再打顆蛋拌一拌，放入紅蘿蔔和豌豆仁。這道菜也很好吃，聽到我在一旁嘟囔著「豆腐的食用期限為什麼不能再短些」，還被她嘲笑了一番。

「冰箱普及帶來的並非全是好事。從前因為沒有冰箱，食物不是不好保存嗎？所以人們不會買超過需用的量。冰箱普及後反而容易買太多。」

妻子常常這麼說。

我家沒有小孩。自從兩人歲數加起來超過一百後，「多出來」的東西便自然有增無減。妻子常說「買東西都會怕」。

年輕時到超市，有太多想吃想買的東西，於是拚命「大買特買」，覺得有趣極了。可是夫妻一旦步入高齡，一想到會吃不完，就算是「買」東西，心思也大多花在「不買」上頭。上了年紀大概就是這麼一回事吧。

書的情形也是如此。

對以著述為業的人來說，書等於生財器具，結果越買越多，狹窄的屋子裡堆滿了書。我經常被妻子生氣地叨唸：「這些書你處理一下吧。」

年輕時就算堆滿一屋子的書，還是很高興看到藏書有增無減。然而年過六十後知道人生終有大限，就驚覺書本不能再增多了，和食物一樣，「不買」變得比「買」更重要。

有位作家前輩將人生比喻成飛機飛行。起飛，突然間急速上升，不久後開始穩定飛行。持續一段時間後，開始下降，進入降落模式。我想妻子過世後的我正處於下降期。

蔬菜有剩，妻子常會拿去煮湯。冰箱裡有剩下的馬鈴薯、南瓜、洋蔥、紅蘿蔔、花椰菜等全都丟進鍋裡慢慢熬煮。

這道湯也意外地好吃。儘管妻子謙稱：「這哪算是做菜，不過就是大雜燴嘛。」但偏偏用同樣的東西，我就做不出好滋味來。

妻子的剩菜料理中我最喜歡的是一道不知名的小菜，用的是蘿蔔皮。

將削下來的蘿蔔皮收著，存到一定分量後浸泡在醬油和麻油調和的醬汁裡。靜置一兩天後，就像醬菜那樣切碎來吃。口感清脆爽口，十分好吃。

這道菜我也曾如法炮製，但就是做不好。不知道有什麼特別的秘方，真懊惱當初沒有問清楚。

# 怪怪的伴手禮

二〇〇九年十月初，我到山陰旅行。

在鳥取縣的某個小車站等火車時，逛了一下車站內的土產店，看到「鮑魚」兩個字。

一小罐「鮑魚」只賣五百日圓。

當下覺得好便宜，就高興地買了下來。回到家後，我興高采烈地從旅行背包中取了出來，打算拿來下熱清酒。

「鮑魚」賣五百日圓，感覺真是賺到了，但仔細一看罐身，才發現上面寫的不是「鮑魚」而是「鮑魚風味」，裡面裝的其實是醬燒杏鮑菇（還故意寫成杏鮑菰）。

「鮑魚」怎麼可能只賣五百日圓，再說，鳥取縣山城的土產店中擺出「鮑魚」這種海產製品也很奇怪吧。

被「鮑魚風味」的標示誤導而買下固然是我的失策，但實際吃起來的確有「鮑魚」的口感，味道也不錯。

當然，食品製造商並沒有偽造之嫌，這全都要怪自己「杏鮑菇」和「鮑魚」不分。

出門旅行時，我總會不小心買到奇怪的紀念品。每次都讓妻子瞠目結舌地叨唸：「你怎麼又買了怪東西回來？」如今反而懷念起那些「怪東西」。

那是大約三十年前，我到三陸海岸旅行時的事。

在某個漁港的早市閒逛時，看見販賣著「鯨魚肉乾」。因為很少見，就立刻買了一些。

回到家後要妻子烤來吃。不料烘烤時油脂不斷滴落，還冒出大量濃煙，實在很不適合在公寓裡料理。加上可能是買到了便宜貨，肉質又硬又難吃。妻子埋怨我買了怪東西回家。

到九州某個以燒陶聞名的城鎮旅行時也是。經過街上的蔬果店時，看到臭橙一大盤只賣五百日圓。我心想「這個便宜」，便決定買回家。

妻子想將臭橙加進蘿蔔泥裡，不料橙皮很硬，不容易切開。而且不論再怎麼用力，都只能擠出些許橙汁。

「為什麼去陶器鎮旅行買回來的不是茶杯或碗，偏偏是這種怪東西？」妻子又瞠目結舌地質疑我。

再來是二十多年前，去知床半島旅行時的事。

那個時候，人們還保有原始純樸的飲食習慣。在羅臼小鎮漫步時，看到有魚販在賣「海獅肉」。

因為海獅肉難得一見，自然想買來一試。旅行回來時，我沒有明說就將那包肉交給妻子。妻子似乎以為是牛肉，拿去煮壽喜燒，結果肉硬得根本咬不動。

「這是什麼肉呀？」妻子問。我只好據實以告，結果她氣得大罵：「開什麼玩笑嘛。北海道不是有鮭魚卵、昆布或其他名產嗎？」

晚秋到四國某個縣政府所在地旅行時，大馬路兩旁成排的銀杏樹下落滿一地白果。

妻子很喜歡吃白果。我想起她常說「全世界我最愛吃的食物就是白果」，便決定彎腰撿拾。

不料突然被當地的大叔出聲制止：「這條大馬路上的白果歸本地所有，不可以亂撿。」我因為是外地人而無法反駁。他看到我有些惶恐，竟壓低聲音說「想要的話這包賣你」，然後遞上一袋白果。印象中是一千日圓吧。我不想把場面弄僵，就買回家送給妻子。

誰知道那包白果已經過了食用期限，果肉變得乾澀。

我喜歡東京的下町，經常會去走走。在商店街看到新奇的東西，總是會忍不住買下。

某次在隅田川畔的商店街散步時，在乾貨店門口看到「調味鮑魚」賣四百八十日圓。「鮑魚」只賣這個價錢實在便宜，我二話不說就當場買下。

晚上一回到家，就拿出「調味鮑魚」當啤酒的下酒菜。可是吃起來絲毫沒有鮑魚的味道。仔細看罐身上的說明文字，原來「調味鮑魚」是商品名稱，原料則用小字寫著「姥貝」。

「鮑魚怎麼可能四百八十日圓就能買到。」妻子嘲笑說。「姥貝」這種貝類，我還是頭一次聽說，之後才知道和「北寄貝」是同一種貝類。

鳥取買的名產——「鮑魚風味」的醬燒「杏鮑菇」，味道比想像中好吃。連同熱清酒一起供在妻子的牌位前。

不知道妻子會詫異「又買怪東西了」，還是高興地說：「沒想到還滿好吃嘛。」

# 突然想吃鯉魚薄片

每個人都會有平常不會記得，但一想起來就突然很想吃的食物。有些人是傳統風味的拿坡里義大利麵，有些人則是茶碗蒸。

對我來說是鯉魚。

因為不是日常會吃的食物，所以平常把鯉魚忘得一乾二淨，一旦想到就特別想大快朵頤一番，尤其是鯉魚薄片。問題是在東京要吃到鯉魚絕非易事，不僅超市和魚攤不賣，就連居酒屋也沒有。

究竟是從何時起，對我而言鯉魚成了特別的食物呢？照理說生於東京、長於東京的我，日常生活跟鯉魚毫無關聯。

四十多歲時，曾經去琵琶湖北邊名為余吳湖的小湖旅行。住在湖畔一間像是民宿的家庭旅館。

那天晚餐端出的鯉魚薄片，美味非凡。從此我偶爾會想起那個滋味，於是開始吃起鯉魚來。

問題是在東京吃不到，只有到地方旅行時才能一飽口福。像是信州、甲州，還有琵琶湖所在的滋賀縣。

鯉魚是淡水魚，所以多半在不靠海的地方才會被人們食用。池波正太郎在文章中提過滋賀縣彥根的鯉魚很可口，我讀過之後，有時去京都出差回程的途中，會在彥根下車享用鯉魚。

雖然現在的我已經不那麼想吃了。四十多歲之前從不覺得生魚片好吃，也不會想去壽司店，因為成長於戰後的貧困時代，光是風乾的竹筴魚或是鹽漬鮭魚就算是奢侈的美食了。

偏偏這樣的我敢吃生鯉魚，還覺得鯉魚薄片特別好吃，有種懷念的味道。曾經問過母親：「我們家從前吃過鯉魚嗎？」

母親當時回答沒有，畢竟東京人平常是不可能吃鯉魚的。

可是聽到我一而再地提起鯉魚，竟也喚醒了母親的回憶，讓她說起一段往事。

在戰後糧食不足的時代，母親曾經從東京跑到信州的親戚家採購物資。那時她帶著年幼的我一起去，在當地吃到了鯉魚。

雖然不復記憶，但或許當時鯉魚的滋味早已烙印在我內心深處也說不定。

妻子出生於愛知縣的一宮。

她說自己從小到大都沒有吃過鯉魚。聽到我說「鯉魚薄片很好吃」，她發出難以置信的驚叫聲。

鯉魚是山形縣米澤市的名產，因為NHK歷史大戲《天地人》而廣為人知。

米澤人號稱當地有ABC三大名產。A是apple（蘋果）、B是beef（牛肉）、C是carp（鯉魚）。雖然近年來鯉魚相較於蘋果和牛肉，地位顯得低落許多，但據說在江戶時代的名主上杉鷹山眼中，鯉魚曾是貴重的蛋白質來源，因此獎勵人民在領地內養殖鯉魚。

任職於小型時裝公司的妻子曾到米澤出差，在客戶的招待下品嚐了鯉魚，從此也跟著大讚「鯉魚很好吃」。

於是我開始帶妻子出門吃鯉魚。話雖如此，去的並非什麼高級名店。

東京北端靠近琦玉縣的北區赤羽，有間早上九點就開門營業的居酒屋

M，居酒屋的同好們都知道這間店。

這間店的菜單上有鯉魚薄片和味噌鯉魚膾，在東京相當少見。店裡的鯉魚可能是從河川和民生水源眾多的埼玉縣引進的吧。

某次和妻子到池袋辦事時突然想起這間店，於是決定乾脆跑遠一點到赤羽用餐。妻子在得知這間居酒屋竟然早上九點就開始營業後，也顯得興致勃勃。

看到都已經過了中午，ㄈ字型的吧檯仍坐滿了愛喝酒的男人們，彷彿密密麻麻地停在電線桿上的麻雀似的，妻子笑說：「這裡簡直是大叔們的天堂。」

我們點了鯉魚薄片吃。儘管妻子嘴上說「比起在米澤吃到的，味道稍微差了點」，但似乎也很喜歡這個「大叔們的天堂」，之後偶爾會對我說想來這裡。或許對妻子而言，鯉魚成了她突如其來想吃的特別食物也說不定。

二〇〇九年秋天，旅行雜誌的編輯提出邀約，問我「想不想再出門旅行」，我欣然應允。地點是鳥取縣山區的若櫻小鎮。

就連跑遍日本各地的編輯也沒聽過這個小鎮。其實若櫻有間擅長鯉魚料裡的店，我一直很想登門造訪。實際嚐過之後，B店的鯉魚薄片是我至今吃過最美味的。

# 香味四溢的烤油豆腐

作夢也沒想到自己寫的書會拍成電影。

一九八八年出版的《我愛過的那個時代》，是根據一九七二年身為《朝日雜誌》記者的我因捲入某起事件遭到逮捕，導致被朝日新聞社開除時的痛苦挫折所寫下的紀實作品。

那是二〇〇六年的事了。年紀四十多歲、在一九七二年時還是小孩的製作人寫來一封措詞委婉的信，表示想將我的書改編成電影。我把信拿給當時還很健康的妻子看，妻子說「那畢竟也是我們這一代的歷史」，贊成改編電影的提議。

電影在二〇一〇年年底殺青，我去看了試映。老實說在觀看的過程中，我幾乎無法呼吸，但還是告訴自己：因為是描繪灰暗經驗的電影才會有這種反應，不要緊。

我覺得拍得很好的是最後的結尾。描繪妻夫木聰飾演的記者「我」（在電影裡的名字是「澤田」）在遭到逮捕被迫離職後，成為自由文字工作者的一九七〇年代中期。

那一天電影裡的「我」看了一部新片，在電影院大廳巧遇《電影旬報》雜誌的女性編輯，對方邀約一起喝酒。

可是「我」客氣地婉拒了，一個人在形似下町的街道上漫步。他在巷子裡看見門口掛著紅燈籠的居酒屋，走進店內坐在吧檯前喝啤酒。

喝著喝著，他想起當記者的時期和年少輕狂的青春歲月，不禁悄悄地嗚咽起來。

我的原著裡並沒有這個場面。應該是導演山下敦弘先生和編劇向井康介先生知道我喜歡下町也喜歡居酒屋，所以加進了這段結尾吧。

回首從前，成為自由文字工作者時，我的確經常一個人在下町走著，傍晚時分看到氣氛不錯的居酒屋就走進去喝啤酒，沉浸在獨自一人的時光中。

婚後就算是夫妻之間，也應該有各自獨處的時間，感謝妻子能理解這一點。

我真的很常走在下町的街道上。

墨田區的東向島、荒川區的南千住、北區的赤羽、江東區的猿江、葛飾區的立石、江戶川區的小岩……

事發之後，我失去了許多朋友。或者應該說我已經不想再像擔任記者時期那樣呼朋引伴地喝酒了，自然而然地開始一個人獨酌。下町有很多不嫌棄一個人上門的居酒屋。

在那種店裡，有許多獨自一人靜靜飲酒的穩重客人。過去我總以為喝酒就是要一群人高聲喧鬧才好玩，來到下町的居酒屋後，才領悟一個人喝酒的況味。或許可以說，我明白了大人飲酒的滋味。

我在墨田區曳舟的京成電車鐵軌旁發現一間好店。無論什麼時候去，店裡都坐滿了成熟穩重的大人。吧檯為主的座位上，大多坐著獨自光臨的客人。店裡的電視機轉播著棒球賽，適度的噪音讓來自外地的客人即使獨自走進店裡也不會引人注意。而且這間店離我愛讀的名著——永井荷風《濹東綺譚》的舞台玉井很近。

在玉井宛如迷宮的巷道間漫步之餘，常會走進鐵軌旁的這間店。某次開口點了啤酒後，坐在隔壁的男人竟對我說：「老兄，過得不錯嘛。」

我一時之間有些驚慌。原來在這間店啤酒是較貴的奢侈品，多數客人都是喝比啤酒便宜的燒酒或是Hoppy汽水。外地來的我竟點了啤酒，不禁覺得丟臉。

隔壁男人喝的是Hoppy汽水。眼睛瞄向他的下酒菜，香味四溢。仔細一看原來是烤油豆腐，要沾著薑泥醬油吃。過去我只知道油豆腐可以加在豆腐味噌湯裡，便也試著點來吃，沒想到味道很好，讓我在居酒屋又發現一道下酒好菜。

後來又過了一陣子，在家裡和妻子小酌時聊起了下町居酒屋的烤油豆腐。聽到我說「這道菜真的很好吃」時，還以為妻子會不屑地以一句「有夠窮酸的」置之不理，誰知她卻起身說：「那就做看看吧。」隨即烤了冰箱裡的油豆腐當啤酒的下酒菜。

她還說岳父也喜歡油豆腐，經常在晚上小酌時拿來下酒。生於大正末年的岳父年輕時被徵召前往中國打仗，戰後復員時吃了不少苦。

或許對那樣的岳父而言，拿稍微烤過的油豆腐下酒，是他僅有的心靈慰藉吧。

岳父在妻子過世的兩年後也走了。

# 唯有熱清酒

又到了熱清酒好喝的季節。

晚上在工作告一段落後，我習慣一個人小酌。以前大多是喝啤酒，但上了年紀以後，因為啤酒傷胃就很少喝了。近年來反而越發喜歡熱過的日本酒，比起啤酒對胃要溫和許多。

不知道從什麼時後開始，日本酒也跟葡萄酒一樣流行冰鎮過再喝。名酒聚集的居酒屋「講究的丈夫」也推薦喝冰鎮過的酒，聽到我要點熱清酒，立刻露出輕蔑的表情。

迫於無奈，我只好以年事已高不能喝冰的為由取得諒解。但至少我周邊的同好愛喝的可不是葡萄酒，聽到日本酒要冰鎮過再喝也會怒斥不像話。我所信賴的釀酒廠老闆也說，日本酒就是要熱過才好喝。

在小津安二郎執導的《浮草》（一九五九年）中，中村鴈治郎飾演的巡迴劇團團長，即便是盛夏時節也津津有味地喝著熱清酒。

就算被說是落伍或不入流，我還是覺得日本酒喝熱的比較好。麻煩的是酒該怎麼燙。有人會將溫度計放進酒盅裡，但我不想那麼做。幸田露伴的女兒幸田文燙清酒時用的是「浮燙法」，她說不能讓酒盅底部碰到鍋子，得用手拿著懸在熱水上才行。這種方法我也覺得太過頭了。

明明是愉快的小酌，何必搞得像苦行一樣。所以我燙酒總是隨興即可，一旦覺得溫度差不多了，就是酒最好喝的時候。

唯一講究的是，酒杯會先放進熱水中燙過。以前在某個平凡小鎮的蕎麥麵店裡點熱清酒時，看到老闆貼心地這麼做，我覺得很有道理便學了起來。

至於會準備哪些下酒菜呢？

因為我是和食派，當然不外乎醃魚雜、醃烏賊肚、海膽等小菜。再不然醬菜也行。海苔也很好，昆布也無妨。蜜汁小梭子魚和熱清酒也很對味。最近深得我心的是味噌沾醬，自己也學會了怎麼做。因為某間居酒屋的蛤蜊沾味噌醬很好吃，我便有樣學樣地做來吃。味道當然比不上專家做的，卻多了自己動手做的喜悅。

容易做又愛吃的小菜是烤油豆腐。真的很簡單，切幾片油豆腐放在火爐上烤就行了。然後再撒上柴魚片、淋上一點醬油，也可以切些薑末或蔥花放上去。唯一要留意的是很容易烤焦。

似乎比起啤酒、葡萄酒，日本酒的下酒菜更為豐富。生魚片搭啤酒或葡萄酒，感覺起來一點也不好吃，就是得配熱清酒。有時為了喝熱清酒，我還會特意去超市買生魚片。不只是因為酒能提出魚肉的滋味，魚肉也能帶出酒的美味。

最具代表性的下酒菜要算是湯豆腐吧。

即使是炎熱的夏天也能做湯豆腐。有時只放豆腐，偶爾也會加雞肉或鱈魚。不久前我還將前一天沒吃完的生魚片放進去煮，沒想到也很好吃。

以前走進下町一間看起來很舒適的居酒屋，發現在牆壁貼的菜單上，「湯豆腐」的旁邊寫著「熱豆腐」。

兩者有什麼差別嗎？我為了一探究竟便點來吃，只見盤子裡裝著半塊豆腐，上面撒了柴魚片和蔥花，吃的時候淋上醬油，味道很好。

問老闆娘和湯豆腐有什麼不同，個性豪爽的老闆娘笑著回答：「常有客人問我，其實不過就是將豆腐放進微波爐加熱而已。」

真是敗給她了。這道菜我在其他店不曾看過，也算是老闆娘的創意懶人料理吧。因為很好吃，有時我也會如法炮製這道「熱豆腐」。

住家附近新開一間夫妻經營的小居酒屋。閒聊提起這道「熱豆腐」時，老闆娘笑說：「這麼偷懶的菜，怎麼好意思向客人收錢呢。」

這間居酒屋只要客人一坐定就先送上一小盤涼拌豆腐，味道也很好。這是一整年都不變的固定菜色，老闆夫妻倆想必都很喜歡豆腐吧。其中最好吃的是「煮豆腐」，用小鍋盛裝豆腐再加顆蛋花，燒開後旋即關火。這用池波正太郎的說法就是「小鍋菜」。每次來到這間店，我一定會點這道菜搭配熱清酒。

儘管有這麼多熱清酒和下酒菜的組合，卻有一項重大缺點，那就是一個人喝熱清酒一點也不好喝。常言道：「禮尚往來，敬酒對飲。」熱清酒就是要和妻子對飲才會好喝。

兩人對飲時，就連關東煮、牡蠣鍋也能成為下酒菜。如今剩下孤家寡人，就算親手做了烤油豆腐、熱豆腐來配熱清酒，心中還是覺得孤寂。

# 迴轉壽司店・少婦

夏日早晨在住家附近散步時，一位騎著腳踏車的年輕女性開口向我道早安。一時之間沒認出對方是誰，直到看到腳踏車後座上的小男孩，才發現是之前住同一棟公寓的少婦，趕緊也回應一聲「好久不見」，但此時她已經騎到坡道下方，往公園的方向遠去。

妻子過世後，我在獨居生活的第二年冬天搬家了。新家距離之前的住處只有步行十五分鐘的距離，同樣也是公寓。

一個人住為了縮小生活空間，我決定改住新落成的小坪數公寓。因為附近有綠地、河川，於是早上出門散步就成了我的固定行程。

遇見跟我道早安的少婦，就是在散步的途中。她好像是職業婦女，所以應該是趁上班前趕著將小孩送往公寓附近的托兒所吧。

獨自生活後，外食的機會變多了。起初擔心餐餐外食會打亂生活步調，下定決心自己做飯，儘管不太上手還是自理三餐。可是一個人做菜容易剩下、食材也常用不完。看到冰箱裡放到爛掉的蔬菜、過了食用期限的食品，就覺得自己做菜也很浪費。

於是決定不再辛苦地做三餐。這要說偷懶也算是偷懶，但一個人生活也莫可奈何。

只有早餐仍堅持用砂鍋煮飯，煮味噌湯、烤竹筴魚乾……中午吃早上的剩飯打發，晚上則選擇外食。有時到附近的豬排店，或是到居酒屋拿清酒和下酒菜當晚餐。

有時候來不及做早餐，就一早到步行約十分鐘的牛丼店吃納豆定食。雖然有些淒涼，但一個人生活也莫可奈何。

妻子還在的時候，我是不會去的，一個人生活後才開始吃迴轉壽司。因為正式的壽司店，一個人不好光顧。而且以前和妻子常一起去的店，自己一個人上門難免覺得對妻子歉疚。

所以我才會去迴轉壽司店。

沒想還不錯，有一些便宜又好吃的店。最棒的是座位都是以吧檯為主，方便一個人享用，此外店裡也有賣酒。

之前的住處離井之頭線的濱田山站很近。因為是小社區，附近沒有迴轉壽司店，不過搭十分鐘電車到吉祥寺站就有好幾間。新搬的公寓離井之頭線濱田山站雖然較遠，所幸門口就有公車站牌，可以搭公車去吉祥寺。有時我會搭公車前往吉祥寺，走進站前的迴轉壽司店。因為店裡生意興隆，就算一個人上門也不會引人注目。

五月的某個假日，我懶得做飯決定到吉祥寺的迴轉壽司店吃午飯。因為是假日，店裡客滿，等了一陣子才有位子。

不同於平日，全家大小出來用餐的客人很多。

孤孑一人的我在心裡鬧彆扭：「幹嘛全家人來這種店。」因為是假日，就一個人大白天的喝起酒來。

迴轉壽司店的吧檯呈橢圓形。一邊喝酒一邊看著前方的座位，只見一對年輕夫妻帶著小男孩，一家三口在吃壽司。我心中又不高興地咕噥著：「幹嘛帶小孩子來這種店。」

過了不久才發現那位少婦是之前公寓一樓的住戶。可能是怕在迴轉壽司店裡遇到會尷尬，所以刻意不打招呼，裝作沒看見我的樣子。

之前住在那裡時，因為不習慣鰥居生活，不小心讓浴缸的水滿了出來，造成樓下住戶們的困擾。

我去致歉時，很多人仍怒氣難消，還有人氣得將我用來陪罪的禮物退了回來。

只有住在一樓的她態度和藹地安慰我：「沒關係，請不要放在心上。」

我聽到她對壽司師傅說了「蛋」，好像是點了煎蛋卷。這家迴轉壽司店除了輸送帶上的菜色外，也可以向壽司師傅加點想吃的東西。看來他們一家人常來這家店，也熟悉如何點菜。

新婚時，我和妻子住在三鷹一棟樓下就是壽司店的公寓，因為妻子說吃壽司店對那時的我們還太奢侈，所以我從來沒進去過。那是一九七〇年代初期，當時還沒有迴轉壽司店。有的話，我們應該也會去吃吧。

加點的煎蛋卷一送來，少婦用筷子夾了一塊餵給坐在她和丈夫之間，彷彿一尊小地藏菩薩的小孩吃。

有小孩的年輕夫婦真教人好生羨慕。

# 人生，清美如水

我常喝水。

早上起床後的第一杯水真是好喝。還有在喝熱清酒時，旁邊放一杯水交替著喝，就能避免爛醉。

礦泉水的普及大概是從一九七〇年代後期開始的吧。因為日本的自來水品質不差，原本以為不會普及，但如今已經普及到人人都熟悉保特瓶這個詞了。

水也有分好喝和不好喝。

最早發現這一點是在三十出頭的時候。某次到伊豆旅行時，發覺在溫泉旅館喝的加水威士忌很好喝，明明跟平常在家喝的威士忌一樣，味道卻天差地別。

到底原因何在？後來才發現水大不相同。伊豆的水比我家的自來水好喝太多。我對旅館的女服務生說：「這裡的水很好喝呀。」她大概因為每天都喝，所以露出不可思議的表情，反問：「會嗎？」那模樣真是好笑。

隔天早上，我在旅館附近散步時來到一處山葵園。那是梯田狀的山葵園，流水由上而下飛瀉，山葵就長在流水中。流水十分清澈，難怪這裡的水會這麼好喝。

從此出門旅行時，我便開始留意和品嚐當地的水。

在千葉縣久留里漫步時，發現鎮上有天然湧泉。當地居民用於日常生活，甚至還有人開車遠道而來，拿了水桶要裝水回去，讓人羨慕不已。

造訪以名酒「澤乃井」而廣為人知的奧多摩小澤釀酒廠時，看到廠內就有天然湧泉，我不禁覺得感動。這裡的水也是任人飲用。

以好水聞名的岐阜縣郡上八幡和福井縣越前大野的水，也都是不收費任人飲用。不只是飲用，居民還會在湧泉處洗衣服、洗菜，當成生活用水。這看在東京人眼裡只覺得新鮮有趣。

最近令我感動的是秋田縣以湧泉聞名的六鄉。這座小鎮從橫手搭公車北行約三十分鐘，鎮中的湧泉多達六十處。我一一造訪，進行了一趟湧泉之旅。因為是小鎮，大約一個小時就能逛完，但一路上不知道喝了多少杯水。「啊，真是甘露。」我還裝入寶特瓶帶回家。

到九州的霧島溫泉鄉旅行時，在牧園町發現特別甘甜的泉水。正當惋惜無法帶回東京時，得知鎮上有將水商品化的公司，可以宅配到府。

我當場請對方每月定期送四箱到家裡，算是小小的奢侈。

以前雜誌《SARAI》曾經就「喜歡的下酒菜」對知名人士進行問卷調

查，其中比較另類的答案是出自研究德國文學的學者高橋義孝先生。似已年過八十的他喜歡的下酒菜居然是水，這恐怕是長年享受飲酒樂趣的人才會有的答案吧。

不過拿定期來自牧園町的福壽礦泉水和熱清酒一起喝時，我好像也稍微理解了高橋義孝先生「最好的下酒菜是水」的見解。

不是只有「好水」才好喝。

日前造訪山梨縣身延線沿線上的市川大門時，走進鎮上一間小食堂，拿起送上來的水杯一喝，那滋味之甘甜，不禁讓人開口讚嘆。老闆娘驚訝地表示頭一次聽到有人這麼說，還笑稱：「不過就是水嘛。」

那個地區從江戶時代以來就生產和紙，也有一些小型釀酒廠。可見自古以來水質就很好吧。當地居民並不以擁有好水為傲，而是順應自然地享用水資源。

這樣的生活態度我覺得也很好。

妻子從過世的幾天前起就無法喝水，於是我試著讓她在嘴裡含小冰塊。我到醫院附近的便利商店買冰塊回來壓碎，讓妻子含住小指頭大的冰塊。可是到了最後，她連小冰塊也含不住。

美國有位長年獨居的詩人作家梅・薩頓（May Sarton），她的《獨居日記》（*Journal of a Solitude*）在日本出版時也造成話題，至今我仍經常翻閱。因為喜歡作品中的那種靜謐，還曾經造訪過她在緬因州海邊的家。她在一九九五年過世，享年八十三歲。《獨居日記》的譯者武田尚子女士表示，她生前最後說的話是：「真是不可思議。一切都結束於水，一如開始於水。」

# 後記

為什麼一聊到食物總是能炒熱現場的氣氛呢？

一年有好幾次和要好的年輕朋友們喝酒的機會。我們聊的話題不外乎電影、書和旅行，但不知道為什麼，最能炒熱氣氛的往往是食物。

喜歡嫩豆腐還是板豆腐？味噌湯喜歡加什麼食材？喝河蜆味噌湯時，會吃掉蜆肉嗎？知道北海道的紅豆飯放的是甘納豆嗎？幾歲開始敢吃納豆？蘘荷都是怎麼入菜的？

一提到吃，每個人都會開始暢言自己的喜好，餐桌上的氣氛頓時變得歡樂。為什麼會這樣子呢？難道吃真的是人生最大的樂趣嗎？

而且一提到吃，幾乎都會回憶起童年往事。像是母親做的蛋包飯有多好吃，父親偶爾下廚煮的麻婆豆腐有多美味，小學營養午餐吃的炸鯨魚有多麼可口（或是難以下嚥）。

吃的話題再加上童年的回憶，現場立刻就熱絡起來，酒也喝得更加起勁。任何人只要一聊到食物的話題，就會回想起自己的小時候或年少歲月。

吃與回憶同在。

回想食物的同時，也會想起過去，想起自己一路走來的人生；反過來說，回憶從前時也會浮現和食物有關的往事。

在那些從前之中，存在著許多重要的人。麻生路郎有句川柳[1]說：「所謂往昔日，乃指父母健在時。」所謂重要的人，包含了父母、兄弟姊妹、叔叔阿姨等親戚、學校裡的老師，甚至擴及職場前輩、同儕，還有妻子等在人生中相遇的各種人。「乃指父母健在時」的「父母」可以換成其他重要的人。吃的回憶與他們同在。

岡本加納子有篇知名的短篇小說〈壽司〉。為了食慾不振的兒子，母親在艷陽高照的庭院裡捏壽司。原本抗拒吃東西的小孩在吃了母親捏的壽司後，開始領略吃的樂趣。如今小孩已經成為老人，經常一個人光顧住家附近的小壽司店。女店員對他很親切，老人對著女孩訴說母親捏壽司的往事。

透過食物回想起重要的人，然後成為名作。談論飲食，經常不自覺演變成回憶自己的過去（父母健在時），懷念起重要的人們。

基於這樣的想法，我寫下了本書的文章。這絕對不是一本介紹美食的書，也不是賣弄飲食知識的書。而是想透過談論「吃」，悄悄地回想起過去，以及重要的「你」。

本書的文章連載於信用卡會員雜誌《瓢蟲》。二〇〇七年二月，總編輯渡邊久雄先生和編輯部的平塚欽也先生向我提出連載邀約。

一開始我有些猶豫。因為妻子川本惠子在前一年得知罹患食道癌，正在抗癌中。醫生已經私下告知日子所剩不多，為了看護妻子，那時的我刻意減少工作量。

儘管猶豫，考慮再三還是答應了。

因為妻子喜歡做菜。

我想透過寫吃的文章，也寫下愛做菜的妻子。一邊回憶著日子所剩不多的妻子（這件事當然沒有讓妻子知道），也想透過飲食將與妻子共同生活的三十多年烙印在自己心中。

這也算是一種接受死訊的心理準備。

一邊和壽命將盡的妻子過生活，一邊卻得用過去式來回憶從前，彷彿妻子已經死去。寫作真是罪孽深重的報應。雖然覺得對不起妻子，但我還是想寫出和妻子的飲食回憶。想將重要的「你」和那些食物一起留在自己的記憶裡。於是在不知不覺中，「你」不再只是妻子，化成了各式各樣的人們。

真是不可思議。

回想起大學畢業後進入朝日新聞社服務，被分發到出版局校閱部時對我照顧有加的前輩A兄，是在居酒屋拿烏賊生魚片下酒的時候。

A兄對我而言是固然重要的前輩，但在日常生活中很少會想起他。而是某天在供應來自A兄的故鄉北海道料理的店裡，點烏賊生魚片下酒時突然想起他，接著自己的青春時代就彷彿潰堤般不斷湧現，止不住地淚如泉湧。

年過六十後，不論吃什麼都會想起從前。比起往後的時光，過去的歲月顯然要長得許多，這是無可奈何的事實。如今我由衷地認為，食物就是回憶。

獲知二〇一一年三月十一日那場幾乎可說是慘劇的三一一大地震時，首先想起的是以前在東北旅行吃過的食物。秋刀魚、海鞘，還有同時回想起的岩手縣釜石市、福島縣磐城市。在《瓢蟲》寫這些回憶文章時，我作夢也沒想到那些地區會遭受大地震的侵害。回憶裡除了懷念之情外，往往也伴隨著痛苦。

我愛讀的永井荷風《濹東綺譚》一書中，曾出現不常聽到「乾飯」一詞。昭和初年，「我」走在隅田川以東的濹東私娼區玉之井，被私娼阿雪叫住，一起去了她家。

「（前略）我說你呀，好像很喜歡一邊說話一邊吃飯嘛。」

「我受夠了獨自一人扒乾飯。」

這裡的「乾飯」就是沒有配菜的白飯。對老人而言，「獨自一人扒乾飯」很淒涼，所以才會逐漸被年輕貌美的「阿雪」吸引。老人的思慕之情為

《濹東綺譚》增添了夢幻的詩意。

很快地妻子過世已經三年。雖然一個人的生活還算順利，但還是經常得「獨自一人扒乾飯」。好想再和「你」一起吃飯、對桌共飲，可惜天不從人願。

於《瓢蟲》連載期間承蒙埃達克出版社的渡邊久雄、平塚欽也兩位先生，以及出版成書時，從思念亡妻的《現在，還想妳》起合作至今的新潮社郡司裕子小姐、田中範央先生的諸多關照，在此由衷感謝各位。

二〇一一年十月
川本三郎

1．日本詩的一種。類似俳句，但規定較少，偏向口語。

文學森林 LF0080

# 少了你的餐桌

## 君のいない食卓

作者
川本三郎

一九四四年生於東京。東京大學法學部畢業。曾任《週刊朝日》、《朝日雜誌》記者，之後離開報社轉為自由文字工作者。持續筆耕四十多年，作品以文藝評論、電影評論、翻譯、隨筆為主，創作質量兼備，領域甚至跨足鐵道、旅遊。

長年鑽研永井荷風與林芙美子作品，曾拿下五次文學評論大賞。並於八〇年代便以敏銳的感受性與獨到眼光，引介剛出道的村上春樹。特別喜歡楚門．卡波提，翻譯其作品無數。

作品《大正幻影》榮獲三得利學藝獎、《荷風與東京》榮獲讀賣文學獎、《林芙美子的昭和》榮獲桑原武夫獎和每日出版文化獎、《白秋望景》獲伊藤整文學獎。其他著作尚有：《我愛過的那個時代》、《遇見老東京》、《現在，還想妳》、《人生繼續走下去》等。

譯者
張秋明

淡江大學日文系畢業。譯有《父親的道歉信》、《複眼的映像：我與黑澤明》、《家守綺譚》、《旅行的力量》、《只想拍電影的人》等書。

美術設計　黃子欽
插　　畫　薛慧瑩
責任編輯　王琦柔
行銷企劃　賴姵如
版權負責　陳柏昌
副總編輯　梁心愉

初版一刷　二〇一七年五月一日
初版二刷　二〇二三年三月二十七日
定價　新台幣二八〇元

ThinKingDom 新經典文化
發行人　葉美瑤
出版　新經典圖文傳播有限公司
地址　臺北市中正區重慶南路一段五七號十一樓之四
電話　02-2331-1830　傳真　02-2331-1831
讀者服務信箱　thinkingdomtw@gmail.com
部落格　http://blog.roodo.com/thinkingdom

總經銷　高寶書版集團
地址　臺北市內湖區洲子街八八號三樓
電話　02-2799-2788　傳真　02-2799-0909
海外總經銷　時報文化出版企業股份有限公司
地址　桃園縣龜山鄉萬壽路二段三五一號
電話　02-2306-6842　傳真　02-2304-9301



少了你的餐桌 / 川本三郎著；張秋明譯. -- 初版. -- 臺北市：新經典圖文傳播, 2017.05
224面；13×19公分. --（文學森林；LF0080）
譯自：君のいない食卓
ISBN 978-986-5824-77-8（平裝）
1.飲食 2.文集
427.07　　106003677

川本三郎作品——

## 《我愛過的那個時代》

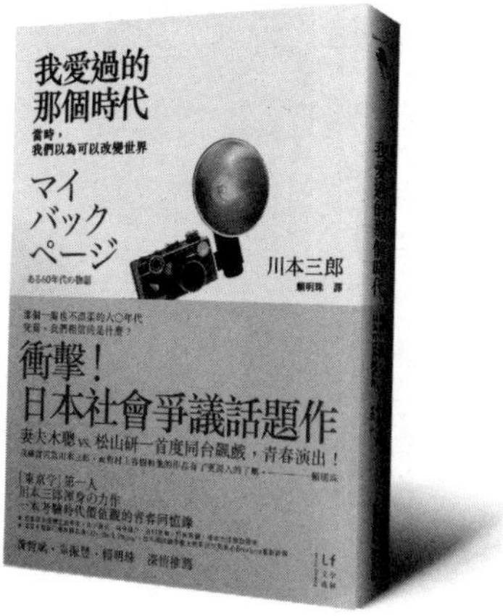


那個一點也不溫柔的六〇年代，
究竟，我們相信的是什麼？

川本三郎作品——

## 《遇見老東京》

94個昭和風情街巷散步，
愛東京者最難忘的風景。